하루에 백 년을 걷다

일러두기

· 책에 실린 글은 2014년 2월부터 2015년 12월까지 농민신문사에서 발행하는 월간 가족생활정보지 <전원생활>에 '근대를 거닐다'라는 타이틀로 연재했던 원고를 다듬고, 부족한 내용을 보태 다시 정리한 것입니다.

· 문화재 관련 정보는 현장 취재 당시에 확인한 문화재 안내판과 문화재청 국가문화유산포털(www.heritage.go.kr), 한국콘텐츠진흥원 문화콘텐츠닷컴(www.culturecontent.com), 네이버 지식백과(terms.naver.com)에서 제공하는 내용을 토대로 정리하였습니다. 그밖에 참고한 자료는 해당 본문 하단에 출처를 표시하였습니다.

· 문화재 명칭은 물론 지정·해제 등의 현황은 후속 조사·연구가 진행되는 과정에서 또는 관리 주체의 형편에 따라 변경될 수 있습니다. 이 책에 명시한 정보는 2020년 12월 기준입니다. 이 책을 읽고 현장 탐방을 계획하는 경우, 검색을 통해 최신 정보를 확인하고 방문하기를 바랍니다.

근대 문화유산과 오랜 삶의 흔적을 따라가는 골목 여행

하루에
백 년을
걷다

서진영 글
임승수 사진

21세기북스

가볍다. 고백컨대 가볍게 시작했다. 한 달에 한 번씩 꼬박 2년, 나는 '바람 쐬는 기분'으로 길을 나섰다. 등록문화재 목록을 쭉 살펴본 다음 기차역이나 버스정류장에 내려 짧게는 두어 시간, 길어도 서너 시간 걷다 쉬다 하며 몇 군데 둘러볼 수 있겠다 싶은 곳을 그날의 목적지로 정해 떠나곤 했다. 아무것도 모른 채로, 이렇다 할 준비도 없이.

왜 굳이 등록문화재였냐 할 수 있다. 평소 우리 역사나 전통문화에 대해 알고 싶은 마음은 컸지만 어디서부터 시작해야 할지 몰라 망설이는 일이 많았다. 한편, 당장 먹고사는 데 직접적인 영향을 주지 않는 이것들을 굳이 골머리 아파가며 알아야 할 이유가 뭔가 싶어 의욕이 확 꺾이기도 했다. 그런 가운데 '바쁘다 바빠 현대사회'에서 개발의 소용돌이 속에 사라질 위험이 있는 근현대의 건조물이나 기념물이 등록문화재로 관리되고 있다는 걸 알게 됐다. 보존할 필요도 있고 활용 가치가 큰데도 연대가 그리 유구하지 않아 문화재로 지정되지 못한 것들이다. 내게는 수백 혹은 수천 년 전에 살았던 알지도 못하는 멀고 먼 조상들의 이야기보다 나와 살 비비고 산 내 할머니 할아버지, 내 부모가 살아온 시간들부터 마주하는 것이 마침하게 느껴졌다. 내 나름의 역사문화기행을 준비하면서 등록문화재를 그 기준점으로 삼게 된 이유다.

역사를 전공한 전문가라면 이런 선택, 이런 시도를 하지 않았을지도 모르겠다. 우리나라 근대사는 일제강점이라는 비극에 놓여 있지 않았던가. 아직까지 여러 이해관계들이 얽혀 우리 삶에 직간접적으로 영향을 미치는 부분이 상당하다. 그래서 쉬쉬하는 분위기가 있는가 하면, 일제의 잔재는 청산해야 한다는 강경한 목소리도 있고, 시시비비 논쟁이 붙기도 한다. 이런 이유로 혹자는 근대기, 그 시절의 문화유산에 대한 평가는 '가변적'일 수밖에 없고, 때문에 그와 관련한 이야기를 세상에 꺼내놓는 것은 '위험한' 일이 될 수도 있다고 한다. 정말 그럴까?

이 책이 근대사를 주제로 한 다른 기록들과 견주어 정확하다거나 깊이 있다고 말하긴 어렵다. 뻔뻔하게도 부족한 것투성이라 미리 고백한다. 그럼에도 기어코 이야기를 꺼내는 것은 '역사는 배운 자만이 이야기할 수 있는가?' '거창하고 훌륭한 역사만이 기록되어야 하는 걸까?' 하는 의문이 들어서다. 나는 '역사는 승자의 기록'이라는 말 또한 폭력적으로 들린다.

적어도 나는 현재와 가장 가까운 과거이자 역사인 근대의 흔적을 좇는 내내 '내가 그때 그곳에 있었다면….' 하는 상상을 하게 됐다. 그러는 동안 꽤 자주 나 자신을 돌아보았고, 그 연장선상에서 앞으로의 나를 그려보기도 했다. 이걸 좀 있어 보이게 말하면 '역사를 통해 지금의 나는 어디에서 왔고, 앞으로 나는 어떻게 나아갈 것인가를 떠올려 볼 수 있었다.' 정도 되려나.

지금 이 글을 읽는 분들에게 귓속말을 하고 싶다. 어디론가 훌쩍 떠나고 싶을 때, 이런저런 생각도 하면서 차분해지고 싶은 순간을 맞닥뜨릴 때 근대의 시간을 거닐어보는 건 어떠냐고. 생전 처음 가보는 골목에서도 길을 잃는 일은 없을 거라고, 말 한마디 하지 않고 걷기만 해도 이야깃거리가 생겨나 입이 간질거리는 경험을 하게 될 거라고 귀띔해주고 싶다. 하루에 무려 백 년을 걷고, 그만큼의 시간을 벌게 될 테니까. 나는 우리가 그 축적된 시간 속에서 세상살이 안목을 키워갈 수 있을 거라 믿는다.

서진영

차례

봄

온기가 남아 있는 길을 따라서

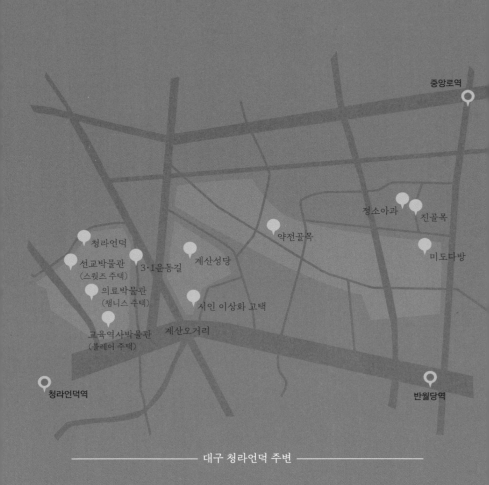

중앙로역

정소아과
진골목

약전골목

미도다방

청라언덕

선교박물관
(스윗즈 주택)   3·1운동길   계산성당

의료박물관
(챔니스 주택)

시인 이상화 고택

교육역사박물관
(블레어 주택)   계산오거리

청라언덕역

반월당역

———————— 대구 청라언덕 주변 ————————

봄의 교향곡이 울려 퍼지는
언덕 너머로

마음먹고 나섰지만 아직 차갑기만 한 바깥 공기에 좁다란 길을 종종걸음으로 걸었다. 일제강점기 대구읍성이 허물어진 자리 위에 쭉 뻗은 대로와 그 너머 구불구불한 삶의 발자취들. 한참을 기웃하다 어느 담벼락 시 한 수에 걸음이 붙잡힌다. 들을 빼앗겨 봄조차 빼앗기겠다 애달파 한 이상화의 시 〈빼앗긴 들에도 봄은 오는가〉 때문에, 성큼 다가온 봄이 이상하리만치 아득해지고 마는데….

제주 감귤, 성주 참외, 무등산 수박, 나주 배…, 지명과 함께 직관적으로 떠오르는 특산물이 있다. 대구는 단연 사과다. 우리 토종 사과에 관한 기록은 고려 문헌 『계림유사』에 처음 등장한다고 전해지는데, 사과 명산지로 알려진 대구에서 능금의 역사가 시작된 것은 그로부터 수 세기 후로 껑충 뛴다.

백여 년 전의 빛깔을 고스란히 내뿜는 푸른 동산

1899년 대구 **약전골목**에 한옥 한 채를 얻어 약방을 열고 진료소 개원을 준비하던 미국 북장로교 소속의 의료 선교사 존슨Woodbridge O. Johnson은 또 다른 선교사 아담스James E. Adams와 함께 달성 서씨 문중 소유의 작은 산을 매입했다. 동산이었다. 약전골목 약방 자리에 영남 지역 최초의 서양식 의료기관인 대구 제중원을 설립했던 존슨은 1903년 현재 계명대학교 동산의료원 자리로 제중원을 이전하고 동산에 벽돌집을 지어 사택을 마련했다. 그리고 사택 정원에 미국에서 들여온 사과나무 72그루를 심었다. 다행히 대구는 사과 재배에 최상의 기후 조건이었고, 이곳에서 맛있게 익은 열매는 대구를 뿐만 사과꽃바람 이는 능금의 고장으로 일구는 씨앗이 되었다고 한다.

바로 그 동산, 청라언덕에 올랐다. 올망졸망 빨간 열매 달린 나무 한 그루가 눈에 들어온다. 알알의 크기가 자두보다는 작고 앵두보다는 크다. 설마 사과나무일까 싶은데 표지석이 사과나무가 맞다 한다. 그것도 아주 특별한 사과나무다. 존슨 선교사가 심은 사과나무 열매의 씨앗이 다시 뿌리내리기를 거듭한 3세목이다. 사과나무 언저리로 삼삼오오 사람들이 모여들었다. 매주 토요일이면 대구 중구청에서 운영하는 골목 투어 가운데 근대 문화를 둘러볼 수 있는 제2코스가 이곳에서 시작된다고 했다.

선교사 스윗즈 주택

붉은 벽돌과 스테인드글라스 그리고 기와지붕이 묘하게 어우러진다.
이 주택에서 주목해야 할 것은 일제 때 마구잡이로 철거된 대구읍성의 성돌을
사용한 주춧돌이다. 대구광역시 유형문화재 제24호.

청라언덕은 푸를 청靑, 담쟁이덩굴 라蘿, 푸른 담쟁이덩굴로 뒤덮인 동산의 언덕배기를 가리킨다. 여름철 대구 지역의 무더위는 외국인 선교사들에게도 예외가 없었다. 그들은 붉은 벽돌을 쌓아 만든 주택에 푸른 담쟁이덩굴을 휘감아 언덕 위로 내리쬐는 볕을 식혔다. 나무도 집도 덩굴도 백여 년 전의 빛깔을 고스란히 품고 있는 청라언덕은 대구에 근대 문화가 움튼 상징적인 장소다.

청라언덕에 자리 잡고 있는 세 채의 선교사 사택은 백여 년에 걸친 대구 지역 선교·의료·교육의 역사를 보여주는 박물관으로 운영되고 있다. 이 가운데 선교박물관으로 운영하고 있는 **스윗즈 주택**이 인상적이다. 1910년경 건축된 것으로 알려진 이 주택은 미국인 선교사들의 거주 공간으로 마련됐는데 1911년 내한해 대구 여자성경학교 교장을 역임하면서 교육과 선교에 힘쓴 마르타 스윗즈Martha Switzer의 이름을 따 스윗즈 주택이라 명명했다. 붉은 벽돌로 지은 2층 양옥 지붕에 기와를 이었다. 사람으로 치면 양복 차림에 중절모 대신 갓을 쓴 격이다. 선교사들은 한국인들의 생활 문화와 조화를 이루면서 자연스레 자신들의 문화를 전파하고자 했다.

스윗즈 주택과 이웃하여 각각 의료박물관과 교육역사박물관으로 단장한 **챔니스 주택**과 **블레어 주택**도 같은 시기에 지어진 선교사 사택으로 나란히 대구광역시 유형문화재로 지정되어 있다. 이들 선교사 주택에는 당시 건물의 형태와 구조가 잘 남아 있는데,

일제의 지배가 시작되며 대구읍성이 마구잡이로 철거되던 무렵 성돌의 가치를 눈여겨본 선교사들이 성돌을 청라언덕으로 옮겨 주택의 주춧돌로 사용했다. 특히 스윗즈 주택의 기반을 다지는 데 사용된 성돌은 1736년 조선 영조 시절 대구읍성을 축조할 때 사용했던 것으로 추정된다. 청라언덕의 선교사 주택들이 근대 건축물 이상의 의미와 가치를 지니는 이유다.

세레나데도 독립을 위한 외침도 이 언덕을 타고 넘어

선교사 주택을 둘러보는데 블레어 주택과 챔니스 주택 사이의 뜰에서 한 무리의 사람들이 입 맞춰 노래를 불러 시선을 모았다. 골목 투어 참가자들이다. 익숙한 가락이었다. 노랫말을 잘 기억하진 못해도 음을 따라 흥얼흥얼하게 되는 가곡 〈동무 생각〉. 이 노래의 배경이 첫 소절에 등장하는 청라언덕이다. '봄의 교향악이 울려 퍼지는 청라언덕 위에 백합 필 적에…' 청라언덕 아래 계성학교를 다녔던 박태준이 이웃한 신명학교 여학생을 좋아했다는 이야기를 듣고, 함께 교직생활을 했던 시인 이은상이 시를 쓰고 이에 박태준이 다시 곡을 붙였다고 한다.

박태준은 '뜸북 뜸북 뜸북새 논에서 울고 뻐꾹 뻐꾹 뻐꾹새 숲에서 울제'로 시작하는 〈오빠 생각〉 등 근현대기 서정적 멜로디의 동요를 작곡하여 어지러운 세상사에 시달리던 많은 이들의 마음을 달래준 음악가다. 좋은 글을 보면 절로 곡을 붙이고 싶은 마음이 드는 걸까? 〈오빠 생각〉도 1925년 열두 살 소녀 최순애가 「어린이」 잡지에 보낸 동시를 보고 곡을 붙여 발표했다고 알려져 있다. 후일담으로 당시 수줍은 성격의 박태준은 끝내 사랑을 고백하지 못했다고 하는데, 그의 세레나데는 봄바람에 실려 숱한 마음을 설레게 했다.

청라언덕이 마냥 낭만적이기만 한 곳은 아니다. 언덕배기에

3·1운동길 90계단

몰래 만든 태극기를 가슴팍에 숨기고 동산 비탈 오솔길을 헤쳐 나간 1919년
3월의 소년 소녀들에게 오늘 3·1운동길 90계단에 나부끼는 태극기는
얼마나 가슴 벅찬 손짓일까.

서 계산성당 방향으로 난 90개의 계단은 1919년 3월 "대한독립만세!" 소리가 퍼져 나갔던 **3·1운동길**이다. 대구에서는 3월 8일에 거사가 일어났는데 만세운동을 준비하던 학생들은 일본의 감시를 피해 당시 솔밭이 무성하던 동산 비탈의 오솔길을 헤치고 만세운동 현장으로 나갔다고 한다. 몰래 숨어 며칠 밤낮을 새워 만들었을 태극기를 가슴팍 깊숙이 품고 이 길을 숨죽여 오갔을 어린 학생들의 표정을 그려보자니 이내 아릿한 기분이 들어 어깨가 움츠러들었다.

90계단을 밟고 언덕길을 내려오면 큰길 건너에 **계산성당**이 있다. 계산성당은 1902년에 건축된 영남 지역 최초의 서양식 성당 건축물이다. 고딕 양식이 가미된 로마네스크 양식이라는 안내글과 함께 이렇다 저렇다 부연 설명이 많지만 전문적인 식견 없이 봐도 참 근사한 건축물임이 느껴진다. 건물 양쪽으로 높이 솟은 뾰족 첨탑을 올려다본다. 하늘을 찌르고 있는 첨탑과 성당 내부의 높은 천장, 크고 긴 창문에 오색찬란하게 빛나는 스테인드글라스는 고딕 양식의 특징을 보인다. 하늘에 조금 더 가까이 닿고자 하는 신앙심 또는 인간의 부질없는 욕망이 만들어낸 중세의 대표적인 예술 양식이다. 지금 봐도 웅장하고 고풍스러운데 잘해야 기와, 대개는 짚으로 지붕을 이었던 20세기 초반에는 더더욱 놀라운 모습이었겠다.

구불구불 질고 진 골목 곳곳에 진한 향수가 배어

계산성당 뒤로 이어지는 길은 유명 백화점을 비롯한 고층 빌딩에 둘러싸인 도심 뒷골목인데도 불구하고 장난기 가득한 골목대장 아이가 툭 튀어나올 것만 같은 정취가 느껴진다. 샛길도 어찌나 많은지 골목이 새로운 골목을 가지 친다. 그 샛길에 봄을 그리워했던 시인 이상화의 옛집이 자리하고 있다. **시인 이상화 고택**은 1939년부터 1943년까지 시인이 말년을 보낸 집이다. 2000년대 초반 도로 개설 계획과 주상복합건물 건축 등 도심 개발로 철거될 위기에 처했지만 고택을 보존하자는 시민운동이 전개되면서 우여곡절 끝에 대구시로 소유권이 이전되었고 복원 공사를 거쳐 일반에 개방됐다. 이상화 고택 앞에는 국채보상운동을 주도했던 서상돈 선생의 집도 복원되어 있다.

그 길 따라 이어지는 **진골목**은 해방 전까지 오랜 세월 대구 지역의 토착 세력이었던 달성 서씨의 집성촌이었고, 해방 이후에는 내로라하던 부자, 지역 유지들이 모여 살던 부촌이었다. 진골목은 긴 골목이라는 뜻이다. '길다'를 '질다'로 발음하는 경상도 말투가 지명에 남았다. 꽤 많은 세월이 흘러 부잣집들은 여러 채로 쪼개져 이런저런 상점과 식당이 들어서고 주인도 바뀌었지만 골목길은 옛 모습을 상당 부분 유지하고 있다. 참 정겨운 풍경인데 이토록 오랜 풍경을 간직할 수 있는 것은 아마도 빼앗긴 땅을 온전히

계산성당

첨탑보다 높은 고층 빌딩이 주위를 에워싸고 있지만
고딕 성당 특유의 기품은 묻히지 않는다. 사적 제290호.

진골목 풍경

정소아과는 1937년 당시 대구에서 가장 부자로 알려진 서병직이
화교 건축가 모문금의 도움을 받아 지은 주택이다.
대구에서 민간 자본으로 지은 서양식 주택은 이 집이 최초다.

제힘으로 되찾으려 했던 땀방울들이 이곳 골목에 깊숙이 배어 있기 때문이 아닐까. 인근 약전골목에서 밀려오는 한약재 냄새도 한몫을 한다.

몇 해 전 진골목을 걷다 무심코 들어간 다방이 생각났다. 커피와 계란 노른자 들어간 쌍화차, 약차를 팔고 주전부리로 생과자 한 접시를 푸짐하게 내주던 다방이다. 기억을 더듬어 찾아갔는데 셔터가 내려져 있다. 다행히 멀지 않은 곳으로 이전을 했다. **미도 다방**이다. 하루에도 수백 명의 단골 어르신들이 출근하는 진골목 최고의 쉼터. 자리는 옮겼지만 금붕어가 쏘다니는 수족관과 두툼한 색동 방석 등 옛 다방의 느낌은 그대로다. 어르신들 사이에 자리를 잡고 짐짓 단골인 척 쌍화차 한 잔을 주문하고 그 분위기가 익숙한 양 능청을 떨어본다. 그 모습을 얄밉게 보지 않은 '마담'께서 곁에 와 진골목 안팎의 이야기를 나누어준다.

진골목은 옛날만큼 진(긴) 골목은 아니다. 기념사진 몇 장 찍고 지나치려면 그럴 수도 있을 만큼. 그러나 많은 이들의 세월이 농축된 그 길에 숱한 이야기가 긴긴 꼬리를 물고 이어지니 어찌 옛날만 못하다 하겠나. 청라언덕에서 진골목으로 이어지는 근대로近代路의 여행은 그 덕에 술래잡기를 하듯 이야기를 찾아내는 재미가 있다.

최승효 가옥

이장우 가옥

광주천

남광주역

선교사 묘역

우일선 선교사 사택

오웬기념각
광주양림교회

호랑가시나무

수피아여자고등학교

─────── 광주 양림동 주변 ───────

의외의 광주, 빛바랜 풍경이
빛고을에 빛을 더하네

5·18 민주화운동이라는 절대적인 인상을 머금고 있는 광주이기에 근대의 시간이 멈추어 있는 양림동 구석구석은 상당히 의외의 풍경이었다. 무등산을 마주보고 그 든든한 산자락에 싸여 있는 광주천변의 오래된 마을. 그곳에 빛고을 광주에서도 가장 포근한 기운이 감돌고 있다는 이야기를 듣고 봄바람 좋은 날 양림동 둘레길을 걸었다.

동네 마을 어귀에 한 그루만 뿌리를 내리고 있어도 마음 든든해지는 것이 버드나무인데 버들 양楊에 수풀 림林 자를 써서 양림동이라 이름 붙인, 한때 버드나무가 무성히 숲을 이루었다는 이 마을은 얼마나 푸르고 정겨운 땅이었을까. 양림동은 우리나라 개화기 광주에 서양의 근대 문물이 가장 먼저 들어온 곳이다. 목포에서 물길 따라 광주에 들어온 선교사들은 이곳 양림동에 자리를 잡았다. 천변 동네라 이동하기에도 좋았고, 당시 어린아이가 죽으면 풍장을 하곤 했는데 해발 108m의 야트막한 양림동의 뒷동산 격인 양림산에 그 터가 있어 땅값도 저렴했다고 한다. 오늘날까지 최승효 가옥과 이장우 가옥 등 구한말 양반네의 한옥이 서양 선교사들의 양옥과 같은 하늘 아래 빛을 받고 있는데, 영향력 있고 이른바 '깨인' 양반가들이 양림동 일대에 살고 있어 선교사들이 활동하기에도 여러모로 수월했다고 한다.

빛고을에 자리 잡은 선교사들

관광안내소에서 받아든 양림길 안내도를 들고 양림동 한가운데 **광주양림교회** 앞에 섰다. 빨간 지붕이 인상적인 지금의 교회도 1950년대에 세워진 것이니 꽤 오랜 세월을 품고 있는데, 교회 역사는 그보다 더 오래된 1904년으로 거슬러 올라간다. 광주뿐만이 아니라 목포를 시작으로 나주, 영광, 장성, 함평, 고창 등 전라도 곳곳에서 선교 활동을 했던 미국 남장로교의 선교사 유진 벨Eugene Bell, 한국명 배유지 목사가 이곳에 터를 잡았다. 예배당 자체가 근대 문화유산으로 지정된 것은 아니지만 양림동 한가운데 위치한 양림교회는 근대기 양림동을 대표하는 공간이다.

양림교회 곁의 **오웬기념각**은 1914년에 세워진 근대 건축물이

광주양림교회

빛고을 광주가 근대화로 나아가는 데 주요한 역할을 했던 장소다.

다. 배유지 목사와 함께 광주에서 선교 활동을 전개한 클레멘트 오웬Clement C. Owen은 선교사이자 의사였다. 생전 할아버지에 대한 애정이 남달랐던 그는 할아버지를 위한 기념각을 지을 계획이 있었는데 이를 이루지 못하고 한센병 환자들을 돌보다 1909년 과로로 사망했다. 오웬기념각은 오웬과 그의 할아버지 윌리엄을 기억하기 위해 오웬의 손자를 비롯해 미국 친지들이 보내온 성금으로 건립했다. 'IN MEMORY OF WILLIAM L. AND CLEMENT C. OWEN. 吳基冕乃其 祖事兼之紀念閣' 영문과 한문을 동시에 표기한 현판이 그 사연을 알려준다.

개화기 당시 우리나라에서 지어진 서양식 건물 대부분이 붉은 벽돌을 사용한 데 반해, 오웬기념각을 비롯하여 양림동의 주요 근대 건축물은 회색 벽돌을 사용해 조금 더 빛바랜 듯한 풍경을 연출하고 있는 것이 인상적이다. 창문에 코를 대고 기념각 안을 들여다본다. 반듯한 정사각형 건물인데 그 안은 보다 입체적이다. 한쪽 모서리의 설교단을 중심으로 좌우 대칭인 데다 바닥은 설교단을 향해 경사져 있어 모든 시선이 설교단으로 집중되는 구조다.

오웬기념각은 비단 기독교 문화유산에 그치지 않는다. 1919년 3·1만세운동이 전국으로 확산되던 때에 광주 지역의 연설이 이곳에서 울려 퍼졌다. 이듬해에는 광주 최초의 서양음악회인 김필례 피아노 독주회가, 1934년에는 독일 출신의 간호 선교사 서서평의 장례식이 광주 최초의 시민사회장으로 치러졌다. 오웬기념각은 근대기 빛고을의 문화적 구심점 역할을 했다.

선교사들의 흔적은 동네 골목을 따라 양림산 자락의 **우일선 선교사 사택**으로 이어진다. 오웬기념각과 마찬가지로 회색빛 벽돌로 지은 양옥이다. 1908년부터 현재 광주기독병원의 전신인 제중원 원장으로 의료 선교를 펼쳤던 윌슨Robert M. Wilson 선교사의 보금 자리이자 광주 지역 최초의 고아원으로 사용됐다. 1920년대 건축물로, 광주에 남아 있는 서양식 주택으로는 가장 오래되었다고 알려져 있다. 선교사의 아이들이 마당에서 그네를 타고 놀았다는 이야기를 들어서인지 마당 한편 나무에 매여 있는 투박한 나무 그네가 바람을 타고 흔들거리는 모습에 재잘거리는 아이들의 목소리가 들리는 듯하다.

양림산 자락에서 햇살보다 더 말간 미소를

수피아여자고등학교로 이어지는 우일선 선교사 사택 아랫길에 수령 400년이 넘는다는 호랑가시나무가 있다. 지금에야 선교사들의 흔적이 남아 있는 근대 건축물들이 양림동 곳곳에 자리 잡고 있지만 그들이 선교를 시작할 무렵 특별할 것 없었던 양림동에서 선교사들은 이 호랑가시나무 언저리를 본거지로 삼고 선교 활동을 펼쳐나갔다. 선교사들은 그들의 고향땅에서 가져온 다양한 수목과

우일선 선교사 사택

양림의 녹음 가운데 우일선 선교사 사택이 자리하고 있다.
집도 정원도 단정한 차림새가 인상적이다. 광주광역시 기념물 제15호.

함께 이 고목을 소중히 가꾸었다고 한다.

호랑가시나무를 지나 배유지 목사가 1908년에 설립한 **수피아여자고등학교**에 들어선다. 처음에는 임시 사택에서 교회를 찾는 아이 몇몇을 가르치기 시작한 것이 광주여학교 설립에 이르렀고, 1911년 교사를 지으며 수피아여학교라 명명하게 되었다. 현재는 수피아여자중·고등학교로 운영되고 있다. 학교 행정실에 허락을 받아 천천히 교정을 거닐어봤다. 3·1만세운동에 참여하고, 신사참배를 거부하는 등 수피아의 여학생들은 역사의 중심에 서서 제 목소리를 냈다고 한다. 전통 있는 학교답게 수피아홀, 커티스 메모리얼홀, 윈스브로우홀 등 백여 년의 역사를 품고 있는 건축물들이 여전히 배움의 터전으로 제 역할을 하고 있다.

음악 수업이 한창인지 양림산 기슭을 타고 올라가 학교 맨 윗머리에 위치한 수피아홀에서 여학생들의 또랑또랑한 목소리가 들려온다. 오랜 세월 시들지 않은 것은 호랑가시나무뿐이 아니었다. 아이들의 노랫소리는 언제 들어도 싱그럽다. 기계음 하나 없이 이어폰을 통하지 않고 듣는 노래는 참 오랜만이라 벤치에 앉아 한참 감상하는데 이내 종이 울리고 아이들이 쏟아져 나온다. 낯선 얼굴임에도 저희들보다 어른이다 싶은지 깔깔거리다 말고 줄줄이 인사를 한다. 봄 햇살보다 말간 얼굴을 하고서. 비로소 실감이 난다. 빼앗긴 땅에서 힘겨운 삶을 이어가던 때에 배움이 당연시 여겨지지 않던 이들에게 선교사들의 땀방울이 어떤 희망을 싹틔웠는지….

수피아여자고등학교와 우일선 선교사 사택 사이로 난 오솔길을 따라 양림산을 오르다 보면 카딩톤길, 브라운길, 세핑길, 프레스톤길 등 양림동에서 활동한 선교사들의 이름을 딴 길이 이어진다. 그 끄트머리 양지바른 곳에 본래의 영어 이름보다 배유지, 오기원 등 한국 이름이 더 익숙한 선교사들이 잠들어 있다. 미국 남장로교의 선교사 22인과 그의 가족, 후손들의 집단 묘역이다. 시들지 않은 꽃이 묘역 군데군데 놓여 있다.

풍장 터가 있어 사람들이 가까이하기 꺼리던 동산이었다. 그로부터 백여 년이 지난 지금도 여전히 죽은 이들을 위한 땅이지만 이곳을 감싸는 공기는 완전히 달라졌다. 꽤 자주 가던 길을 멈추고 고개를 젖혀 숨을 크게 들이마시게 될 만큼. 묘역에서는 거대 도시로 발전한 광주의 도심을, 그 반대편으로 광주의 진산이라 하는 무등산을 두루 조망할 수 있다.

이제 양림산에도 동네 길목에도 그 옛날의 버드나무는 그리 눈에 띄지 않는다. 그렇지만 거리 담벼락, 자전거가 천천히 바퀴를 굴리는 길 위, 양림동 언저리 거리마다 '楊林' 두 글자가 선명하다. 양림동에 뿌리 내린 선교사들과 그들로부터 자라난 근대 문화유산이 풍성한 가지를 이루며 양림동의 버팀목이 되고 있는 까닭이다. 그 덕에 양림동은 여전히 푸르고 든든한 '楊林'이다.

계룡디지텍고등학교

소제동
철도관사촌

한의약특화거리

철도보급창고

카페 안도르

대전천

대전역

목척시장

중부건어물거리

중앙시장

중앙로역

———— 대전 소제동·은행동 주변 ————

기차가 몰고 온 바람 뒤편에

호수의 잔잔한 물결만이 소요를 일으킬 뿐 그저 한촌에 지나지 않았던 대전에 거센 바람이 불기 시작한 것은 1905년 경부선 철길이 놓이면서부터다. 저 멀리서 요란한 소리를 내며 머리칼 휘날리게 바람을 몰고 온 기차는 한밭을 대한민국 교통의 요지로 탈바꿈시켰다. 그런데 이상도 하지. 대전역 지척에 있는, 기찻길 옆 소제동은 시간이 멈춘 듯 백여 년 전의 모습을 간직하고 있다.

대전역에서 동광장으로 가는 길에 주차장 쪽을 바라보면 수십 대의 자동차가 허름한 목조 건물 하나를 에워싸고 있는 묘한 풍경이 눈에 들어온다. 본의 아니게 포위당한 건물은 일제강점기 시절의 미곡창고와 많이 닮았다. 아니나 다를까 쓰임은 달라도 창고는 창고, 이 건물은 철도보급창고라고 한다. 공식적인 명칭은 **구 철도청 대전지역사무소 보급창고 3호**다. 철도청에서 필요로 하는 여러 물자를 보관하는 용도로 지었다. 1956년에 지어졌는데 일제강점기의 건축술을 그대로 적용한 데다가 한국전쟁을 거치며 근대 목조 건축물 대부분이 훼손돼 남아 있는 것이 많지 않기에 그 희소가치를 인정받아 2005년 등록문화재 제168호로 지정되었다. 대전에서의 근대를 거니는 여행은 바로 여기에서 시간을 거꾸로 돌린다.

솔랑산 언덕으로 땅거미처럼 퍼져나간 근대의 흔적

철도보급창고를 기점으로 멀찌감치 보이는 솔랑산 언덕바지 계룡디지텍고등학교 일대의 소제동은 본래 아름다운 호수가 있던 자리다. 이름난 중국 소주의 호수 못지않다 하여 소제호라 이름 붙였을 만큼 풍광이 좋았다고 한다. 우암 송시열이 그 모습에 반해 집을 짓고 살았다. 소제동 언저리의 송자고택이 바로 그 집이다. 그러나 일제의 지배가 시작되면서 고요하던 호숫가의 풍경은 급변하기 시작했다. 경부선 철도에 이어 호남선까지 대전을 지나게 된 것이다.

사실 근대 이전의 대전은 그리 주목받는 땅이 아니었다. 일제에겐 이 점이 주요했다고 한다. 상대적으로 보수성과 지방색이 적어 무슨 일이든 도모하기 좋은 땅이란 뜻이니 말이다. 1905년 대

소제동 철도관사촌

기찻길과 함께 근대도시로 성장한 대전, 그 중심에 소제동이 있었다.
누가 기찻길 옆 오막살이라고 했나.
기찻길 옆 소제동은 한때 대전 최고의 부촌이었다.

전역이 문을 열자 많은 일본인들이 대전으로 유입됐다. 1907년 소제호 주변에 신사가 세워지고 호숫가도 일본풍으로 바뀌었는데 1927년에는 그마저도 매립되고 만다. 솔랑산을 깎아낸 흙으로 호수를 메워 만든 땅에는 소제동이라는 이름만이 남았다. 이 땅의 새로운 주인은 철도 관리자와 기술자들이었다. 소제동과 철도관사촌 사이에 등호가 생긴 것도 이때부터다.

소제동 철도관사촌은 땅거미처럼 낮게 깔려 있다. 마을이 대전역사 동광장에서 계룡디지텍고등학교에 이르기까지 완만한 경사를 이루는데, 그 사이에 빼곡한 주택 지붕이 워낙에 낮기 때문이다. 철도청 직원들이 많이 거주하고 있다는 5층 높이의 철도아파트 한 동이 이 동네에서 가장 높은 건물이다.

기찻길 따라 백 년, 누가 기찻길 옆 오막살이라 했나

가가호호 낮은 지붕이 촘촘하게 맞닿아 땅거미에 비유했지만 동네는 어둡기는커녕 싱그러운 기운이 맴돈다. 머리 위로 탁 트인 하늘이 펼쳐지고, 지붕 아래 아주 조금이라도 여유가 있는 땅에는 푸른 이파리 무성한 나무를 심어 가꾸어왔기 때문이다. 그런데 어느 것이 옛 철도관사인지 알 수가 있나. 얼추 봐서는 그 집이 그 집이다. 아직 해가 지려면 한참이나 남았는데도 일찍이 동네 슈퍼

앞에서 약주를 들이켜기 시작한 어르신에게 말을 건네자 마침 곁을 지나던 어르신 한 분이 "저렇게 생긴 게 죄다 관사"란다. 그렇게 어르신이 가리키는 쪽으로 고개를 돌렸다.

철도관사는 대전역 주변 세 개 지역에 약 100여 채가 있었다고 한다. 그중 북관사촌과 남관사촌은 한국전쟁 때 대부분 파괴되고 현재 소제동 솔랑시울길을 따라 형성된 동관사촌에 약 40여 채가 남아 있다. 어르신이 말한 '저렇게 생긴'은 일단 주변 집들보다 지붕이 조금 더 높고 뾰족하다. 지붕 아래 벽면에는 목재로 가로살을 넣은 환풍구가 있다. 그 밑으로 문패처럼 달린 무언가가 있다면 틀림없이 관사다. 그 문패가 바로 철도관사 번호판이기 때문이다.

번호판이 없더라도 관사임을 알 수 있는 특징이 있다. 안으로 들어가 볼 수는 없지만 현재 남아 있는 관사 대부분은 한 지붕 두 가족이다. 전문 용어로는 '2호 연립주택'이라 하는데 건물 중앙의 벽을 경계로 주택 건물 한 채에 두 가구가 양쪽에 나누어 사는 형태다. 이 때문에 집의 정면 너비가 동네 다른 집들보다 상대적으로 기다랗다. 또 대문을 들어서면 마당 양쪽에 좌우 대칭이 되는 창고가 있다. 철도관사의 기본 형태라고 한다.*

솔랑시울길과 시울1길이 만나는 곳에 위치한 소제관사 42호

---

* 이희준, 철도시대의 기억, '소제동 철도관사촌', 「철도저널」 제18권 제5호, 15~21p, 한국철도학회, 2015.

철도관사
가로 살을 넣은 환풍구와 문패처럼 달린 철도관사 번호판이
이곳이 옛 철도관사임을 알려준다.

에는 소제사진관이라는 간판이 붙어 있었다. 소제사진관은 근래 관사촌의 새로운 이정표가 된 곳이다. 대전의 근대 관련 자료를 수집하고 아카이브를 구축하고 있는 대전근대아카이브즈포럼이 2012년 이곳에 입주하여 소제동 사람들의 삶을 글과 사진으로 기록했다고 한다. 이후 이곳을 중심으로 다양한 공공 프로젝트들이 진행되고 있어 소제동을 찾는 사람들이 줄곧 기념사진을 남기는 곳이기도 하다.

"저게 관사라고? 허, 난 여태 몰랐네. 그렇잖아도 사진기 들고 많이들 오드라고." 약주를 들이켠 어르신이 혼잣말을 했다. 어쩌면 근대 유산이니 뭐니 하는 것은 지금 이곳에 사는 사람들에게는 무척이나 성가신 일일지도 모르겠다. 이런 생각 탓에 기록이랍시고 기웃거리는 것이 늘 조심스러운데 흐르는 세월에 어르신들은 오히려 너그럽다.

관사촌에 일반인들이 들어온 것은 1970년에 이르러서다. 현재 소제동 토박이라 하는 주민들 가운데는 그때를 전후로 들어온 사람들이 꽤 많다고. 지붕이며 벽이며 곳곳에 녹슨 슬레이트가 덧대어져 있고 골목골목 리어카가 대기하고 있는 오늘의 소제동은 상당히 빛바랜 분위기인데 당시에는 대전에서 손꼽히는 부자 동네였단다. 철도 관계자 중에서도 꽤 영향력 있는 관리자급과 기술자들이 이곳 관사에 살았기 때문이다. 낡긴 했어도 적산가옥 특유의 분위기가 남아 있는 것도 그 때문이겠다.

버드나무 아래에 근대의 바람이 솔솔, 새로운 씨앗이 훨훨

계룡디지텍고등학교 옆으로 난 솔랑시울길 끝에서 선화로를 따라 대전천을 지나면 또 하나의 오랜 풍경을 마주할 수 있다. 걸어서 15분 남짓, 소제동과 함께 대전의 원도심에 해당하는 은행동이다. 그 가운데 일제강점기부터 십수 년 전까지만 해도 꽤 번성했던 시장이 있다. **목척시장**이다. 간판은 내걸고 있지만 장사를 하지 않는 집이 더 많아 보인다. 목척시장은 대전역 개통과 함께 대전의 대표 상권을 형성했던 곳이다. 대전 최초의 5일장이 형성된 인동시장이 한국인 상권이었다면 철도관사촌과 더 가까운 목척시장에는 일본인 상권이 형성됐다. 그래서 1층은 상가, 2층은 살림집으로 사용되는 일본식 2층 목조 건물이 많았다. 그런데 1970년 큰 화재가 발생하면서 대부분의 건물이 훼손됐고 이후 전통시장이 쇠락하고 원도심이 구도심이 되는 과정에서 목척시장의 기세도 약해졌다. 허름한 상가 안에서 동네 어르신 몇몇이 화투놀이를 하는 소리가 동네에서 가장 소란스럽게 느껴질 만큼 오늘날 목척시장은 소제동처럼 옛 이름만 남았다.

시장 끄트머리에서 쇠락한 시장과는 사뭇 다른 분위기의 공간을 발견하고 고개를 드민다. 마당을 사이에 두고 담쟁이넝쿨 빼곡한 담장과 마주보고 있는 **카페 안도르**. 일제강점기 오늘날의 대전시장 격인 대전부윤이 기거했던 관사인데 오랜 기간 방치되다가

카페 안도르

1930년대에 지은 대전부윤 관사를 카페로 개조했다. 카페 안도르를 시작으로
주변에 오래된 주택이나 상가 건물을 개조한 공간들이 속속 들어섰다.

은행동 골목

삼삼오오 동네 어르신들만이
날을 거르지 않고 골목의 적막을 메운다.

카페 겸 문화 공간으로 단장했다. 마당 입구에는 2층 높이의 관사보다 키 큰 향나무가, 마당 안쪽에는 분홍빛 꽃 틔운 모과나무와 반쯤 기울어진 채로 가지를 뻗고 있는 버드나무가 자리를 지키고 있다. 커피 한 잔을 비우고 볕 좋은 마당 테라스에 앉았는데 버드나무 이파리를 간질이는 바람에 버드나무 꽃씨가 눈송이처럼 흩날린다.

최근 안도르 카페를 중심으로 다양한 문화 공연과 전시가 열리고, 주말이면 조용하던 시장통에 젊은이들이 주축이 된 벼룩시장이 펼쳐지기도 한다. 그렇지, 옛 정취 담뿍 배어 시간이 멈춘 듯해도 그곳이 어디든 결코 시간은 멈추는 법이 없다. 그러니 시간이 지나 오늘의 작은 움직임들이 여물어지면 그 알맹이들이 기차가 몰고 온 바람따라 버드나무 꽃씨처럼 소리 없이 흩날려 언젠가 또 새로운 싹을 내밀 테지.

강경천

옥녀봉

강경 포구

강경침례교회
최초 예배지

구 강경성결교회 예배당

강경성결교회

강경역사관
(구 한일은행 강경지점)　구 연수당 건재 약방

강경역사문화안내소
(구 강경노동조합)

구 강경공립상업학교 관사

강경중앙초등학교 강당

금강

젓갈시장

강경역

강경 옥녀봉로 주변

금강 물길 타고 흘러든
근대의 물결을 따라서

한때는 조선 팔도에서 가장 흥했던 장이 섰다는데 이제 이 지역 출신이 아니면 여기가 충청도인지 전라도인지 알쏭달쏭해하는 이들이 더욱 많을 만큼 몸집이 작아졌다. 그러나 여전히 닷새에 한 번 장이 서는 읍내, 충남 논산시 강경이다.

　강경역 사거리에 상점 간판 여럿이 눈에 들어온다. 사거리다방, 최신양복점 등 어딘가 모르게 시골 읍내 분위기가 물씬 나는 간판들이다. 마을 안쪽으로는 더 많다. 수예사, 표구사, 농약사, 이발소, 사진관까지 여전히 손님이 드나드는 곳도 있고 간판만 남아 있는 곳도 있다. 가깝게는 십수 년 전, 멀게는 일제강점기를 배경으로 하는 시대극의 촬영장이 아닌가 싶을 정도로 오래된 풍경들이다.

강물은 흘러가지만 시간은 멈추어 선 포구 마을

본래 물길 따라 번성했던 땅이다. 서해에서 잡은 해산물이 금강을 거슬러 내륙과 가까운 강경 포구를 거쳐 방방곡곡에 닿았고, 샛강을 타고 올라온 각지의 물자들 역시 이곳에 몰려 장이 섰다. 갓 잡아와 펄떡이는 해산물도, 비옥한 땅에서 난 곡물도, 포구를 오가는 사람들도 하나같이 생기 넘쳤다. 현재 강경 인구가 1만이 되지 않는데(2020년 기준 8,375명) 한창 번성했을 때엔 하루 유동 인구만 10만에 달했단다. 지금으로부터 백여 년 전의 모습이다.

　이 조용하고 작은 읍내에 근대 문화유산을 상징하는 등록문화재만 무려 십여 개에 이른다. 당연한 것일지도 모르겠다. 일제는 물자가 모여드는 강경에 눈독을 들였다. 일본인들이 강경에 들어오면서 경찰서, 법원 등 관공서와 은행, 교회, 병원, 극장, 학교 등이 앞서거니 뒤서거니 자리를 잡았다. 젓갈시장 끝자락에 위치한 **구 한일은행 강경지점**이 대표적이다. 이곳은 1905년 한호농공은행 강경지점으로 설립된 이후 조선식산은행 강경지점, 해방 후에는 한일은행 강경지점을 거쳐 충청은행 강경지점으로 사용됐다. 강경의 화려한 시절을 모두 겪고 지금은 강경역사관으로 운영되고 있다. 겉보기에 족히 2~3층이 되는 다층 건물이 아닐까 싶었는데 실제로는 천장이 높다란 단층이다. 붉은 벽돌로 네모반듯하게 쌓아 올렸으니 그 탄탄한 기운이 은행답다.

옥녀봉로 풍경

마을 곳곳에 근대기 상업도시 강경의 기세를 짐작케 하는 주택과 상가들이
옛 모습을 고스란히 간직하고 있다.

은행 건물 가까이에 있는 **구 강경노동조합** 또한 기세 높았던 근대기 강경의 상권을 상징하는 공간이다. 1925년 한옥 구조의 2층 건물로 지어졌는데 현재는 1층만 남았다. 강경역사문화안내소로 단장해 강경 지역의 근대 문화유산을 둘러보려는 여행자들에게 도움을 주고 있다.

사실 근대 문화유산이 많다고 하지만 그 흔적을 찾아 여행하기에 강경은 그리 친절하지 않다. 골목골목 흩어져 있기도 하거니와 옥녀봉을 제외하고는 이정표를 찾아보기 힘들어 한참을 헤매게 된다. 친절히 길을 안내해주는 마을 어르신들도 많고 설렁설렁 걷다가 목적지를 얼추 만나게 되기도 하지만, 알뜰하게 탐방하려면 이곳 구 강경노동조합에 들러 안내를 받는 것이 좋다. 안내소에 들른 덕분에 1920년대 강경시장의 전경을 찍은 사진 속 모습 그대로인 구 연수당 건재 약방과 1930년대에 건축된 강경 중앙초등학교 강당, 구 강경공립상업학교 관사까지 두루 둘러 볼 수 있었다.

꼭 등록문화재로 선정된 근대 문화유산이 아니더라도 흘러간 시간이 강경 곳곳에 박제되어 있다. 이젠 많이 없어졌다고는 하지만 2층으로 올린 일본식 가옥들을 위시하여 낡은 슬레이트 지붕, 녹슨 철문, 비틀어진 나무 창틀, 벗겨진 외벽, 사람의 온기가 느껴지지 않는 빈집과 곧 허물어질 듯한 텅 빈 창고 등이 드물지 않게 눈에 들어와 다른 시간대를 경험케 한다.

부지런히 발품을 팔다 보면 이 작은 읍내에 교회가 참 많다는 생각이 절로 든다. 고층 건물이 드문 강경의 낮은 지붕선 위로 뾰족한 첨탑과 십자가가 불쑥불쑥 솟아 있다. 강경은 개화기 서양 문물의 통로이기도 했다. 상당수의 외국인 선교사들이 강경 포구를 통해 국내로 들어왔다고 한다. 1896년 침례교회, 1901년 감리교회, 1919년 성결교회가 잇따라 강경에 발을 디뎠다. 그보다 앞선 1845년 한국인 최초로 중국 상하이에서 천주교 사제 서품을 받은 김대건 신부 역시 강경 포구를 통해 국내로 들어왔다. 강경으로 기독교 성지순례를 다녀가는 이들이 적지 않은 이유다.

옥녀봉에도 강경의 근대 기독교 유산이 남아 있다. 금강이 내다보이는 한쪽에 초가지붕을 한 ㄱ자형 가옥은 한국 침례교의 첫 예배지다. 그래서 명칭도 **강경침례교회 최초 예배지**라고 붙었다. 본래 강경과 인천을 오가며 포목 장사를 하던 지병석의 집이다. 그가 미국 보스턴의 침례교단에서 파송한 파울링E. C. Pauling 선교사에게 세례를 받은 후 1896년 2월 9일 일요일 이곳에서 첫 주일예배를 드렸다고 한다. 이듬해 파울링 선교사가 그 앞쪽 평평한 터에 역시 ㄱ자형의 교회를 건축했는데 일제는 이 일대를 공원화하고 신사를 지었다. 그리고 신사참배를 드리는 데 방해가 된다며 교회를 폐쇄하고 부지마저 빼앗아 현재는 터만 남아 있다. 침례교

첫 예배지도 슬레이트로 지붕을 덧대는 등 초기와 달리 상당 부분 변형되었는데 2013년에 옛 모습으로 복원했다. 초기 교회를 ㄱ자 한옥 구조로 건축한 것은 남녀가 유별했던 당시 한국 사회의 유교적 전통을 배려한 까닭이라고 한다.

옥녀봉에서 읍내 방향의 비탈진 골목길로 내려오면 붉은 벽돌과 목재로 기초를 세우고 기와로 지붕을 이은 한옥 예배당이 보인다. **구 강경성결교회 예배당**이다. 골목 벽화가 교회의 역사를 대신 말해준다. 1919년 3월 강경에도 만세운동이 한창이었다. 당시 교회 부지 매입을 위해 강경을 방문했던 영국인 존 토마스John Thomas 목사는 그 틈바구니에서 일본인들에게 무차별 구타를 당해 부상을 입고 강제로 투옥된다. 이 사건은 영국과 일본 간 외교 문제로 불거져 후에 일본이 목사에게 보상금을 지불하였는데 목사가 그 일부를 헌금하여 1923년 이 예배당을 짓게 되었다. 정면 4칸, 측면 4칸 규모로 예배당 가운데 두 개의 기둥을 세우고 휘장을 드리워 남녀의 예배 공간을 구분했다고 한다. 그러고 보니 출입문을 오른쪽과 왼쪽 양쪽으로 낸 것도 같은 이유라 짐작해볼 수 있겠다. 한국전쟁 중에도 거르지 않고 주일예배를 드린 일, 그 와중에 폭탄이 떨어졌으나 불발탄이었던 일 등 교회는 강경 사람들과 함께 긴 고난의 역사를 함께 감당해왔다.

구 연수당 건재 약방 맞은편에 위치한 현재의 **강경성결교회**는 일제가 민족말살정책을 펼치며 강요한 신사참배를 최초로 거부한 곳으로 알려져 있다. 1924년 10월 11일 이곳 주일학교 학생들이 신사참배를 거부한 사건이 계기가 되어 전국에 신사참배 거부 운동이 전개되었다고 한다. 교회 앞마당의 '최초 신사참배 거부 선도 기념비'가 이를 증명한다.

신사는 일본의 토착 신앙인 신도神道의 사원을 가리키는데 메이지유신 이후에 그 의미가 바뀐다. 국민 통합을 이유로 천황의 조상신을 모신 신도를 국교화해 각지에 신사를 건립한 것이다. 자연스럽게 천황도 신격화하여 일본의 지배 이데올로기가 정립됐다. 그러니까 일제강점기의 신사참배는 어떤 자연물을 대상으로 기복을 비는 토착 신앙이 아니라 일본 천황의 지배를 수용한다는 뜻이 된다. 일제는 우리 국민들뿐 아니라 서양인 선교사들에게도 신사참배를 강요했다. 받아들일 수 없는 일을 강요당하는 데 목숨을 걸어야 했던 날들이라니…. 나라면 어떻게 행동했을까 그려보는데 선뜻 답을 할 수가 없다.

느린 걸음으로 서너 시간 동안 백 년을 지나다

뱃길 잘 뚫린 덕에 넘쳐났던 해산물로 일찍이 염장 기술이 발달해 지도 어디쯤에 있는 줄은 몰라도 단박에 젓갈을 떠올리게 되는 강경이기에, 오늘 읍내를 걸으며 만난 옛 강경은 의외이면서도 반갑

강경 젓갈시장
옛 포구의 활기찬 기운은 여전히 성업 중인 젓갈시장에서
조금이나마 짐작해볼 수 있다. 젓갈의 고장답게 계절을 가리지 않고
좋은 젓갈을 찾아온 이들의 흥정이 이어진다.

다. 이왕 강경까지 왔으니 밥도둑 젓갈을 얼마 사갈 요량으로 개중 괜찮다는 집을 물어물어 갔다. 후한 맛보기 인심에 슬쩍 "옛날 강경이 그리 대단했다면서요?" 말을 건넨다. "아이고, 지금이야 논산 다음 강경이라 하지만 강경이 최고였죠."

1905년 경부선, 1914년 호남선 등 철길이 물길을 대신하면서부터 강경은 조금씩 내리막길을 타기 시작했다고 한다. 어려운 시절이었지만 그래도 살 만한 동네였는데 한국전쟁이 결정적이었단다. 공공기관이 모여 있던 강경은 집중 폭격의 대상이었다. 근근이 이어온 뱃길도 1990년 금강하구둑이 건설되면서 완전히 끊겨 포구를 밝히는 등대가 머쓱할 정도다.

강변의 얕은 산마루 옥녀봉에 올라 강경 포구를 지나는 금강 물길과 그 너머 너른 평야를 한눈에 담는다. 속이 다 시원해질 만큼 탁 트인 전망이다. 평양장, 대구장과 함께 조선 3대 장으로, 또 원산과 더불어 2대 포구로 이름깨나 떨쳤다는 옛 강경을 머릿속에 그려본다. 그 시절의 영광은 온데간데없지만 머리 위에서 떨어지는 볕이 금강 잔물결 위로 흩어지는 따스함만은 그대로이지 싶다.

강경 포구

숱한 뱃머리가 강경 황산 나루터 등대 불빛에 의지해
강경을 드나들었던 때가 있었다. 등대 불빛은 오간 데 없는데
매일같이 이 포구로 기우는 노을은 그때를 기억하려나.

익산역

전북대학교 특성화캠퍼스
(구 이리농림학교)

익산 왕도미래유산센터
(구 익옥수리조합 사무소와 창고

구 일본인 농장 사무실

춘포역(폐역)

구 일본인 농장 가옥

구 대장도정공장

만경강

익산 익산역·춘포 들녘 주변

봄아 이리로 오너라,
들녘에서 삼킨 노래

위로는 금강, 아래로는 만경강이 서해로 흘러든다. 넉넉한 물길은 새침하게 제 갈 길만 가지 않고 너른 평야 곳곳에 물을 나누어주니 들녘의 벼가 제대로 영근다. 보기만 해도 배부른 익산의 평원이다. 그러나 빼앗기고도 속으로 삭힐 수밖에 없었던 날들이 있었다. 익산은 그 시간들을 기억하고 있다.

　낯선 동네에 들어섰더라도 얼마간 주위를 살펴보면 동네 이름 정도는 어림짐작할 수 있다. 업종은 다른데 같은 이름의 간판이 여럿이다 싶으면 대체로 동네 이름을 내건 경우가 많다. 관공서나 학교도 열에 아홉은 그런 경우가 많은데 이곳에서는 '익산'만큼이나 '이리'라는 글자가 눈에 띈다. 산에서 이익을 얻는다는 익산益山과 안쪽 마을이라는 이리裡里는 닮은 구석이 없어 보이는데 말이다. 익산은 수려한 산세와 함께 예부터 최고로 질 좋은 화강암 산지다. 우리나라 석탑 가운데 으뜸이라 할 수 있는 국보 제11호 미륵사지 석탑이 바로 이곳의 화강암으로 완성되어 백제 이래 익산의 상징이 되지 않았던가. 한편 익산은 물길을 따라 지나가다 보면 갈대밭 너머 안쪽 깊숙한 곳에 자리 잡고 있다. 이 때문에 옛사람들은 속에 들어앉은 마을이라 하여 '속리'라 불렀다고 한다. 속리는 발음하기 좋은 대로 '솜리'가 되었다가 후에 한자로 뜻을 새겨 '이리'가 됐다. 이리에는 아픔이 많다. 조선시대까지 익산이었던 지명이 공식적으로 이리가 된 것이 조선총독부의 지휘 아래 숱하게 경지를 정리하고 행정 구역을 개편하던 1931년의 일이다. 물길 따라 철길 따라 익산의 풍요는 흔적 없이 실려 나갔다.

든 자리도 난 자리도 모두 우리 땅이었다

든 자리는 몰라도 난 자리는 안다고 했다. 본래 속뜻처럼 난 자리가 아쉽다는 말은 아니다. 든 자리가 원체 컸기에 티가 안 날 수가 없었다. 일제는 호남의 물자를 수탈하기 위해 호남선, 전라선, 장항선 등 세 개의 철도 노선을 부설했는데 익산은 이 노선들이 한데 모이는 분기점이었다. 1915년 익산역의 전신인 이리역이 문을 열고, 이를 전후하여 일본인들이 들어와 신도시를 형성한 익산 역전에는 익산을 넘어 전라북도에서도 내로라하는 상권이 형성됐

익산 원도심

영정통이라는 옛 지명으로 곧잘 회자되는 익산 중앙동에 들어서면
한때 호황을 이뤘음직한 가게들을 적잖이 마주하게 된다.

익산 구 익옥수리조합 사무소와 창고

일본인 농장 지주들이 창설한 익옥수리조합에서 사용한 건물이다. 조합은 농업
생산력 증진이라는 대외적 명분을 내세웠지만 실상 우리 농민들의 양곡을
수탈하려는 목적이 컸다. 현재 '익산 왕도미래유산센터'로 운영되고 있으며, 영화
〈동주〉의 촬영지로 알려져 최근 방문객이 늘었다. 국가등록문화재 제181호.

다. 지금도 익산 사람들은 원도심 중앙동 일대를 가리켜 영정통이라는 당시 지명으로 곧잘 이야기한다.

1990년대 이후 영등동 일대로 상권이 옮겨가면서 영정통은 예전만 못하다 했다. 문을 닫은 상점이 많은데 그 사이사이 수탈의 역사를 상징하는 일제강점기의 풍경이 스친다. 붉은 벽돌조의 익산 왕도미래유산센터가 대표적이다. 태생은 1930년 **구 익옥수리조합 사무소와 창고**로 지어졌다. 네모반듯하게 지어졌는데 자세히 보면 세심하게 신경 쓴 구석이 많다. 전체 2층 건물 가운데 1층은 3등분했을 때 좌측과 중앙부에 외벽이 돌출되는 형태로 짓고, 벽면 모서리 부분과 창문 주위로는 벽돌 쌓기에 변화를 주어 건물에 입체감을 더했다. 2층 정면부의 창문 테두리에는 꽃잎 무늬로 둥글게 찍어내고 흰색으로 칠한 문양을 둘러 모양을 냈다. 눈에 보이는 것만이 다가 아니다. 당시 조합은 사무소 좌측 창고와 함께 뒷마당 아래에 방공호까지 마련하였으니 그 위세를 짐작케 한다.

농사일에서 논밭으로 물을 끌어오는 것만큼 중한 일이 또 없다. 수리조합은 농지를 개간하고 수리 사업을 진행하여 농업 생산력 증진을 도모한다 했지만 그 명목 뒤에 수세를 받아 이익을 두 배로 얻고자 한 점을 간과할 수 없다. 하지만 당시에는 그만큼 힘 있는 곳이었단 말씀. 일제강점기의 건축물들을 볼 때면 왜 이리도 신경을 써서 지었을까 생각하게 되는데 그들이 의도한 바를 되짚을수록 속이 쓰라리다.

영업을 하고 있든 문을 닫았든 곳곳에 중국음식점 간판이 수두룩하다. 영정통은 일본인들이 만든 신시가지였지만 부촌이 형성되다 보니 중국인들도 찾아들어 화교 상권 또한 커졌다. **주현동구 일본인 농장 사무실** 자리가 해방 이후에 화교소학교로, 그 후 다시 화교협회 창고로 주인이 바뀐 것도 당시 주변 환경과 관련이 있다. 마치 성벽을 두른 듯 높은 담벼락이 옛 농장 사무실을 에워싸고 있으니 우리 농민들에게는 철옹성처럼 느껴지지 않았을까 싶다.

당시 익산의 입지가 얼마나 중요했는가 하면 전국의 수많은 도시 가운데 일제가 전국 최초, 전국 유일의 관립 농림학교를 세운 곳이 바로 이리였다. **이리농림학교**는 1922년 농업 진흥과 모범 교육이라는 대의명분 하에 전 학생이 기숙사 생활을 해야 하는 5년제 실업학교로 개교했다. 한일 공존공영을 방침으로 한국인과 일본인 학생을 반반씩 모집했다는데 학생들 입장에서 이 방침이 과연 도움이 됐을까? 개교 이후 항일운동에 참여하거나 일본인 학생들의 차별적 행동에 민족차별철폐운동을 전개한 우리 학생들이 줄줄이 퇴학을 당했다고 한다.

이리농림학교는 광복 후 이리농림중학교, 다시 이리농림고등학교, 이리농공전문대학 등으로 개편되었다가 2008년 전북대학교로 통합됐다. 1932년에 지은 축산과 교사가 현재 전북대학교 특성화캠퍼스에 남아 있다. 가로로 긴 단층의 붉은 벽돌조 교사는 학생들의 동아리방으로 활용되고 있다. 방문했을 때는 마침 밴드의 합주 소리가 흥을 돋우었는데 그때나 지금이나 학생들이 머무는 공간이지만 이제 와 록 뮤직이 쩌렁쩌렁 울리게 될 줄 그때 그 시절의 학생들은 상상이나 했을까?

바야흐로 춘포의 계절

이름부터가 봄날에 마침하다. 영정통에서 멀리 벗어나지 않아 탁 트인 들녘과 어우러지는 만경강변의 봄나루에 닿는다. 속리를 이리로 고쳐 쓴 것처럼 봄나루는 춘포가 되었는데, **춘포역**은 1914년에 지은 우리나라에서 가장 오래된 역사. 처음에는 대장역이라는 이름을 달고 전주와 익산 사이 보통역으로 문을 열었다. 당시 춘포 일대에 너른 농토를 소유했던 일본인 대지주 호소카와細川가 큰 대大, 마당 장場 자를 써서 마을 이름을 대장촌이라 했다. 춘포역으로 이름이 바뀐 것은 1996년이다. 그러나 1997년 간이역으로 격하됐고 2011년 전라선 복선전철화 사업으로 폐역이 됐다. 그러나 풀빛 박공지붕 아래 부드러운 미색으로 단장한 아담한 역사는 아름다운 간이역으로 입소문이 나 이곳을 찾는 발길이 아예 끊어진 것은 아니다.

호소카와 농장에서는 농토에서 거둬들인 벼를 도정하기 위해 정미소도 세우고 농장일 전반을 관리하는 마름도 두었다. 그 흔적이 마을에 또렷한데 녹이 슬어 검붉은 빛을 내뿜는 그 옛날 정미소, **대장도정공장**은 그 규모가 어마어마하다. 이제는 적막과 잡초만이 가득 채우고 있지만 얼마나 많은 수탈이 이루어졌을지 정미소 코앞에서 머릿속이 어지러워진다. 정미소 앞에 1920년대에 지은 호소카와 농장의 주임 관사도 옛 모습 그대로다. 이리농림학교를 나와 한때 호소카와 농장 직원이었으며 후에 국회의원을 지낸 김성철이 오래도록 이 집에서 살며 집을 직접 관리한 까닭에 김성철 가옥이라는 별칭이 붙었다. 잘 가꾼 정원 안쪽으로 단정한 차림의 일식 목조 주택이 보인다.

김성철 가옥에서 약 100m 떨어진 곳에 2층 주택 하나가 눈에 띈다. **익산 춘포리 구 일본인 농장 가옥**은 1940년대 호소카와 농장의 농업 기술자였던 에토:江藤가 지은 일본식 가옥이다. 해방 후 주인이 몇 차례 바뀌면서 다다미였던 바닥을 온돌로 교체하는 등 내부가 일부 개조되었지만 팔작지붕에 일식 기와를 올린 것이며, 나무판자를 잇댄 비늘벽이며 일본 목조 주택의 특징이 드러난 전체적인 원형을 유지하고 있어 2005년 춘포역과 나란히 등록문화재로 지정됐다.

마을에는 수탈의 역사와 함께 다소 생경하면서도 호기심을 불러일으키는 풍경이 하나 더 남아 있다. 보신탕집이다. 호소카와 농장을 중심으로 큰 군락이 형성되고 기차역이 들어서니 자연스

대장도정공장

1914년 일본인 대지주 호소카와가 설립한 대규모 도정공장이다.
해방 후 대한식량공사에서 운영했고, 현재는 개인 소유다. 그 옛날에는
공장 뒤로 벼를 도정하고 나온 왕겨가 산더미같이 쌓였다고 한다.

춘포역(폐역)

더 이상 이곳 봄나루 춘포역에 멈춰서는 기차는 없다.
해가 뜨고 지며 시간이 흘러가듯 기차도 그렇게 안녕을 고한 것일까.
국가등록문화재 제210호.

레 사람이 모여들었고 제법 큰 장이 생겨났다고 한다. 그 와중에 유명해진 것이 개국, 일명 보신탕이다. 당시 방죽 아래로 시장을 오가는 사람들을 대상으로 개국 장사가 성행했다고 한다. 먼 길 오가는 사람들에게 국수 정도는 성에 차지 않았을지도 모르겠다.

춘포역 앞 네거리 상점가 간판에 봄나루, 춘포, 대장까지 다른 듯 매한가지인 지명이 뒤섞여 있는 것이 이 동네의 지난 시간을 되짚게 하는데 그때 마침 춘포역 뒤 고가로 KTX 열차가 쏜살같이 지나간다. 시간 저편에 홀로 남은 옛 역사에 일순간 바람이 스친다. 바야흐로 춘포의 계절을 알리는 봄바람일까, 아니면 저만치 흘러간 시간의 결일까. 봄아, 이리裡里로 오너라. 옛 사람들이 들녘에서 삼켰을 법한 노래를 대신 불러본다.

여름

낡고 바랜 흔적도 싱그러운

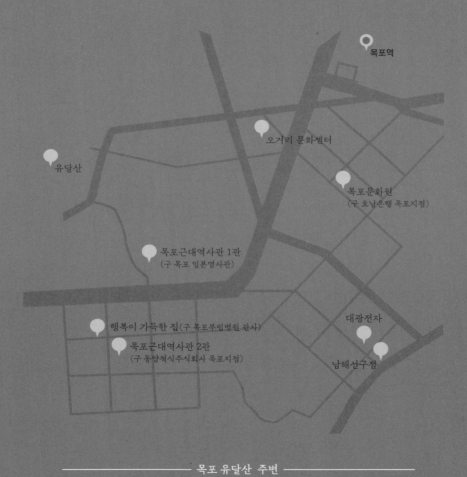

목포역

오거리 문화센터

유달산

목포 문화원
(구 호남은행 목포지점)

목포근대역사관 1관
(구 목포 일본영사관)

대광전자

행복이 가득한 집(구 목포부립병원 관사)

목포근대역사관 2관
(구 동양척식주식회사 목포지점)

남해선구점

———————————— 목포 유달산 주변 ————————————

바다를 메꾼 땅,
엄두를 낼 수 없었던 시간들

목포만큼 날것의 느낌이 충만한 도시가 또 있을까. 그 살아 있는
기운으로 숱한 드라마를 써내려간 그야말로 드라마틱한 항구, 목
포. 부산과 원산 그리고 인천에 이어 일제에 의해 1897년 10월 1일
개항된 목포는 이내 짙푸른 앞바다를 메워 근대적 도시로 단장하
게 되지만 당시에는 우리 몫이 될 수 없는 땅이기도 했다. 노랫가
락으로나마 달래야 했던 유달산 아래 부둣가를 서성이며 '목포의
눈물'을 훔쳐본다.

오거리를 돌고 돌아 기어코 되찾은 자리

아주 오래전에는 신안과 더불어 무안의 일부로 여겨졌고, 조선시

대에는 나주목에 속했던 목포다. 임진왜란 때에 이순신 장군이 수군진을 설치하여 108일간 머물렀다는 기록이 있지만 역사적으로 이렇다 할 주목을 받지 못했던 목포가 손꼽히는 항구도시로 일어서게 된 것은 개항이 되면서부터다. 목포역과 그 주변으로 형성된 시가지도 개항 전에는 지도에 없던 땅이다. 바닷물이 드나들던 갯벌을 매립해 땅을 만들었고, 그 위로 새로운 일들이 벌어졌다.

목포역에서 목포항 방향으로 조금만 걸음을 옮기면 오거리가 나온다. 일제강점기 서울의 북촌과 남촌이 그러했던 것처럼 오거리를 기준으로 목포 중심가도 북쪽의 조선인 마을과 남쪽의 일본인 마을로 나뉘어졌다. 1899년부터 시작된 각국 공동 거류지 조성 공사는 말이 '각국'이었지 실은 일본인 마을이나 다름없었고, 조선인들은 유달산 비탈길로 밀려났다. 1990년대 이후 신도심들이 개발되면서 쇠락한 원도심 이미지가 짙어졌지만 오거리는 사람과 정보가 모두 모이는 목포의 가장 번화한 거리다. 이에 더해 일본인 주거지와 조선인 주거지 사이의 보이지 않는 경계로 상징적인 의미가 있다.

표지판이며 간판이며 '오거리' 일색인 가운데 **오거리 문화센터** 건물이 눈에 띈다. 일본 신사를 떠올리게 하는 외관인데 역시나 1930년대 초반에 지어진 일본식 불교 사찰이다. 정식 명칭은 진종 대곡파 동본원사. 지금은 공연, 전시 등 다양한 문화예술 활동을 무료 대관 형식으로 지원하는 문화센터로 운영하고 있는데, 터

목포항 일대 상점가

○○화점, ○○라사 등 일본식 한자어를 사용한 상호명만 봐도
언젠가 본 것만 같은 시대극의 한 장면이 떠오른다.

목포 앞 선창

이 동네, 이 거리 자체가 문화유산이 아닐까 싶은 생각이 드는 앞 선창.
사거리에 면해 있는 건물 상당수가 모서리를 사선으로 처리한 것이 인상적이다.

에도 타고난 기운이 있다는 말이 참말인지 해방 이후 1957년부터 지난 2007년까지는 목포중앙교회의 예배당으로 쓰였다는 점이 재미있다. 종교는 다르지만 이 자리에 어떤 신성한 기운이 있나 보다 하고 뒷짐을 진 채 짐짓 주변 지세를 살피는 시늉을 해본다.

오거리 문화센터에서 오거리를 지나 부두 방향으로 내려가는 길에 이번에는 **목포문화원** 건물이 또 한 번 일본 건축 양식을 연상케 한다. 일본풍이기는 하지만 일본 것은 아니었다. 일본 자본에 대항하여 호남 지역 인사들이 설립했던 호남은행의 목포지점 자리다. 수직성을 강조한 외관은 식민지 시절에 지어진 여럿의 기관 건축물과 엇비슷한 분위기를 풍기지만 순수하게 우리 자본으로 설립된 은행 건물이라는 점에서 가치가 남다르다 하겠다.

앞 선창에 자박한 근대의 시간들

목포항은 본항과 북항으로 나뉘는데 목포 사람들은 목포항 본항 일대를 '앞 선창'이라 부른다. 유달산 앞쪽으로 일본인 상권과 주거지가 형성되었던 앞 선창에는 유달산 너머 뒷개라 부르는 북항과 달리 일제 때부터 이어져온 삶의 흔적들이 상당수 남아 있다. 대부분이 일제강점기 말엽에 지어진 2층으로 된 상가 건물이다. 상가와 상가 사이 좁은 골목길 안으로 여러 세대가 나란히 이어져

하루에 백 년을 걷다

외벽을 공유하는 일본식 연립 주택 나가야長屋와 창고로 쓰였음직한 건물들도 흙벽에 널판을 대거나 슬레이트를 덧대 마감한 옛 모습 그대로 세월을 머금고 있다.

남해선구점, 대광전자와 같이 사거리에 자리 잡은 상가들의 경우에는 건물 모서리를 사선 처리하고 출입구도 모서리에 둔 것이 인상적이다. 건물은 새로 지었지만 일본식 한자어 라사羅紗를 그대로 사용하고 있는 양복점과 양화점 간판도 향수를 불러일으킨다. 그러나 장사를 하는지 마는지 구분이 가지 않을 만큼 낡은 간판 아래 마실 나온 이웃들이 모여 화투놀이로 소일하는 모습에는 빛바랜 구석이 없다. 점에 십 원, 많아야 백 원으로 재미 삼아 한다 해도 따면 좋고 잃으면 속상한 표정이 생생하다.

위치로 보나 외관으로 보나 보통 집이 아니란 생각이 든다. 목포항이 바로 내려다보이는 유달산 중턱 녹음 가운데 붉은 벽돌 건물이 유난히 도드라진다. 1900년에 지어진 **구 목포 일본영사관**이다. 붉은 벽돌을 쌓아 올리는 와중에 흰색 벽돌을 사용해 장식 효과를 냈다. 창틀 위아래에 맞추어 나란히 수평의 띠를 두르는가 하면 1층의 모든 창문 위에 욱일기를 연상케 하는 문양을 만들었다. 1층 정중앙에는 건물 바깥으로 돌출한 목조 현관을 설치하여 멋을 냈다. 일본과의 관계가 변화함에 따라 이후 목포부청사, 목포시립도서관, 목포문화원으로 사용되다가 현재는 목포의 근대기를 되짚는 목포근대역사관 1관으로 단장했는데 외관뿐 아니라 천

구 목포 일본영사관

붉은 벽돌로 지은 구 목포 일본영사관은
유달산 녹음에 둘러싸여 더욱 도드라져 보인다. 사적 제289호.

장 장식과 벽난로 등 화려하게 마감된 실내에도 당시 모습이 많이 남아 있다.

　건물 뒤로 돌아가면 1932년에 세워진 구 목포부청 서고와 일제강점기 말엽에 조성된 것으로 추정되는 인공동굴이 자리하고 있다. 인공동굴은 흔히 방공호라 부르는 일종의 피신처다. 일제는 미군의 공습과 상륙에 대비해 조선인들을 강제 동원하여 곳곳에 인공동굴을 만들었다. 목포에도 꽤 많은 수의 인공동굴이 있는데 이 방공호는 길이가 약 72m, 폭이 넓은 곳은 3m에 달할 정도로 규모가 크고 구조도 정교한 편이라 한다. 방공호 내에 어둠 속에서 곡괭이질을 하는 조선인들의 모습을 재현해놓았는데, 보는 마음이 편치 않았다.

　목포근대역사관 1관에서 항구 쪽으로 시원하게 뻗은 내리막길에는 1920년 6월에 문을 연 **구 동양척식주식회사 목포지점**이 목포근대역사관 2관으로 운영되고 있다. 국외의 영토나 미개지를 개척하여 자국민을 정책적으로 이주·정착시키는 것을 척식이라 한다. 말도 안 되는 일이 너무나 버젓이 일어나던 때다. 동양척식주식회사는 우리의 땅을 장악하고 온갖 자원을 빼앗았던 제1의 착취 기관으로, 일제는 서울에 본점을 두고 부산, 목포, 이리, 대전, 원산, 평양, 사리원 등 농업이 성하고 교통이 편리한 요충지에 지점을 설치했다. 현재는 부산과 목포에 그 흔적이 남아 있다. 대리석을 쌓아 철옹성같이 세운 2층 석조 건물 곳곳에는 일본을 상징하는 태양, 벚꽃 문양 등이 새겨져 있다. 금고로 쓰였던 방 안으로 들어가니 여전히 밀폐된 공간 특유의 먹먹한 기운이 맴돌고 있었다. 시간이 흘러도 누그러지지 않은 공기 덕분에 이곳이 전시관 이전에 수탈 기관이었다는 사실을 되짚게 했다.

이제는 잠시 쉬었다 갈 수 있는 곳이 되어

구 동양척식주식회사 목포지점 맞은편에 터를 잡은 적산가옥은 카페로 문을 열어두고 있다. '행복이 가득한 집'이라 이름 붙은 **구 목포부립병원 관사**다. 건축 연도는 1935년으로 등록되어 있지만 목포 사람들의 증언에 따르면 1920년대에 지어진 것으로 추정된다. 전남 지역에서 비료 회사를 운영한 일본인 모리타 센스케守田千助의 주택으로 지어졌다가 해방 후 해군 관사로 사용됐다. 한동안 '나상수 가옥'이라 불렸는데 1966년부터 이 주택을 소유한 이의 이름을 따서 그리 부르다가 현재는 다시 소유주가 바뀌어 카페로 운영되고 있다.

담장까지 모두 초록으로 뒤덮인 정원이 주변을 기웃거리게 할 만큼 돋보이는 집이다. 정원을 향해 창을 단 복도식 마루부터 오밀조밀하게 구성된 1층에 모두 장마루를 깐 것, 그리고 널빤지로 마감한 천장 또한 일본식 가옥의 특징이 다분하다. 그러나 발코니

구 목포부립병원 관사

일제강점기에 건축된 근사한 목조 주택과
초록 정원이 한데 어우러져 자연스레 발길 멈추고 안을 살피게 되는 적산이다.
국가등록문화재 제718-5호.

를 만들고 큼직큼직하게 낸 창문 등에는 서양식이 접목되었고, 그 안을 앤티크 가구와 소품들이 가득 채워 이 집만의 독특한 정취가 만들어졌다. 의자 깊숙이 등을 기대고 한나절 나른하게 보내기 이만한 곳이 없겠다 싶은 단정하면서도 아늑한 집이다.

건축에 대해 잘 모르지만 일제강점기에 지었다는 근대기 건축물들을 보고 있노라면 참 근사하다는 생각이 들 때가 많다. 그런데 그 근사하다는 것의 바탕은 절대적인 평가라기보다는 우리의 전통과는 '다르다', 그래서 '새롭고' '눈길이 간다'에 가깝지 않을까? 요즘에야 익숙해졌지만 십수 년 전만 해도 길거리에서 외국인을 만나면 뒤돌아 힐끗 쳐다보던 것과 크게 다르지 않다는 생각이다. 그렇기에 근대기 건축물을 카페나 게스트하우스 등 상업 시설로 단장하고 또 많은 사람들이 그곳을 기꺼이 하나의 콘텐츠로 즐기는 것이 아닐까? 그런데 그저 겉으로 드러나는 분위기를 느끼고 색다른 감각으로 즐기기에는 너무도 아린 시간이 스며 있지 않은가 싶어 정원 중앙의 석등을 바라보며 미묘한 기분에 빠진다. 조선인들은 앞을 지나다니기조차 힘들었을 바로 그 적산가옥에서 현재의 나는 종일 빠릿빠릿하게 움직인 다리를 쉬어 주며 한갓진 시간을 보낼 수 있게 되었으니 말이다. 과거와 현재가 엇갈리는 지붕 아래서 '적산을 어떻게 마주할 것인가?' 쉽게 답할 수 없는 질문을 맞닥뜨린 날이었다.

목포 유달산 아래

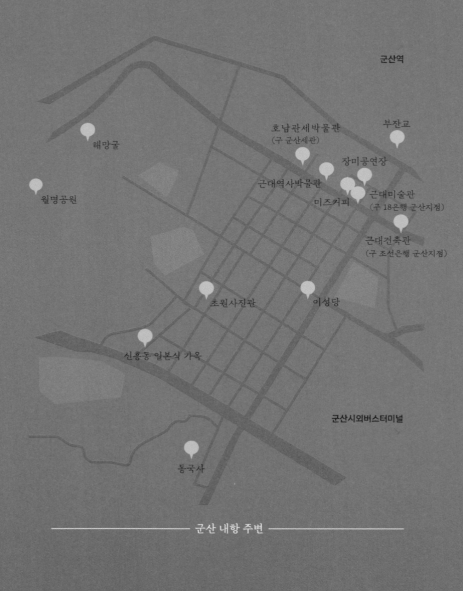

군산역

부잔교

호남관세박물관
(구 군산세관)

해망굴

장미공연장

월명공원

근대역사박물관

근대미술관
(구 18은행 군산지점)

미즈커피

근대건축관
(구 조선은행 군산지점)

초원사진관

이성당

신흥동 일본식 가옥

군산시외버스터미널

동국사

───────── 군산 내항 주변 ─────────

탁류가 저만치
물러난 자리에

한여름 뙤약볕이 머리 꼭대기에 머문다. 한창 무더운 때지만 초록 잎사귀 무성한 언덕을 등에 지고 강바람, 바닷바람이 함께 볼을 스쳐 지나가니 군산 내항 둘레 한 바퀴를 걷는 것이 그리 버겁지는 않다. 물론 평일 낮 시간임에도 골목골목을 기웃대는 이들이 제법 되는 까닭이 그저 풍경 좋고 걷기 좋아서만은 아니다. 그네들을 이끈 것은 열에 아홉 군산에 머물고 있는 옛 시간일 것이다.

모르긴 몰라도 꽤 오래된 건물인 것만은 대번에 알겠다. 근대건축관, 근대미술관, 미즈커피, 장미공연장 그리고 호남관세박물관까지 군산 내항 따라 장미동 일대에 차례로 들어선 건축물들은 일제 때부터 꿈쩍 않고 그 자리를 지키고 섰다. 본래는 다들 무엇이었는고 하니 **근대건축관**과 **근대미술관**은 각각 조선은행 군산지점, 18은행 군산지점이었다. **미즈커피**는 일제강점기 식료품과 잡화를 수입·판매했던 미즈상사 건물이다. 다다미방이 남아 있는 이곳은 현재 북카페로 활용되고 있다. **장미공연장**은 1930년대 조선미곡창고주식회사에서 쌀을 보관했던 창고로 한때 유흥업소로 활용되다가 지금은 다목적 공연장으로 개·보수하여 사용되고 있다. 그 앞에는 본래 무엇이었는지는 기록에 남아 있지 않으나 일제강점기부터 있었던 것만은 분명한 건물을 전시 공간으로 단장한 장미갤러리가 있다. 옛 군산세관 본관은 **호남관세박물관**으로 문을 열어두고 있다. 한쪽 끝에서 반대쪽 끝까지 쉬지 않고 걸으면 10분 남짓 되는 항구 안쪽 길가에 근대의 흔적과 수탈의 현장이 그대로 남아 있는 경우는 흔치 않다. 군산시가 그 한가운데에 군산의 옛 시간을 일목요연하게 보여주는 **근대역사박물관**을 건립하고 일대를 군산근대역사벨트로 조성한 것도 이 때문일 것이다. 그러나 군산의 근대기는 비단 이 역사벨트 안에 묶이지 않는다.

화중지병, 야속하기만 했던 쌀 곳간

금강을 타고 서해에 이르기까지 수려한 물길이 흘렀건만 안타깝게도 백여 년 전 군산에는 채만식이 소설 〈탁류〉에 그려낸 것처럼 흐릴 탁濁, 흐를 류流 글자 그대로 흐린 물이 흘렀다고 한다. 개항 이후 강점이 시작되면서 일제는 너르고도 비옥한 호남평야의 쌀

구 군산세관

세관은 개항장을 통해 드나들던 물품을 단속하고 세금을 거둔 행정기관이다. 군산세관은 1899년 인천세관 관할로 설치됐다. 1908년에 독일인이 설계하고, 벨기에에서 붉은 벽돌을 수입해 지은 이 건물은 한국은행 본점과 같은 건축 양식으로 알려져 있다. 전라북도 기념물 제87호였던 옛 군산세관 본관은 2018년 국가지정문화재 545호로 승격되었다.

군산 내항 주변 폐선이 된 기찻길

들풀과 들꽃 틈에 옛 철로가 녹슨 채 자리를 지키고 있다.
멀찍이 근대건축관으로 단장한 옛 조선은행 군산지점의 지붕도 보인다.

을 탐냈다. 조선시대 호남의 세곡이 모이는 군산창과 이를 보호하기 위한 군산진이 설치되어 있던 이 땅은 이내 일제의 쌀 수탈 기지가 되고 말았다. 곳간 가득 차고 넘치는 것이 쌀인데도 세상이 혼탁해지자 그 쌀 한 톨을 그리워해야만 했던 사람들은 주변을 그저 서성이기만 할 따름. 그야말로 화중지병, 그림의 떡이었다. 군산 내항에서 가장 가까운 장미동의 장미는 탐스러운 꽃 장미가 아니다. 감출 장藏, 쌀 미米 자를 쓴다.

군산 내항은 1905년에 건설되기 시작했고, 이즈음 내항 인근은 치외법권 조계지가 형성되어 격자로 정비되기 시작했다. 군산까지 쌀을 감춰서 오고 또 감춘 쌀을 단숨에 바다 건너로 가져가고자 일제는 항구 코앞까지 기찻길을 내고, 갯벌 위로는 뜬다리를 놓았다. 근대미술관과 근대건축관 사잇길에 이제 더 이상 기차가 지나지 않아 녹슨 철길이 보인다. 들풀에 잠겨 유심히 들여다보지 않으면 스쳐 지나기 십상이다.

뜬다리는 부잔교라고도 하는데, 본래 4기 가운데 3기가 남았다. 밀물 때에는 다리가 수면 위로 떠오르고 썰물 때에는 수면이 낮아지는 만큼 다리 높이가 저대로 조절되는 선박 접안 시설이다. 비릿한 바다 냄새가 가득한 내항, 멀찍이 물러나 있는 바닷물과 갯벌 위에 사뿐히 내려앉은 어선들 때문인지 그 위로 떠 있는 부잔교가 더욱 덜름하게 느껴진다.

군산 내항 부잔교

갯벌 바닥을 드러낸 군산 내항. 채워지지 않는 곳간을
속절없이 바라봐야 했던 농부들은 자연의 섭리를 거슬러
바닷물이 밀려오지 않기를 바라지 않았을까. 국가등록문화재 제719-1호.

일본식 정원이 멋스러운 군산 유지들의 터전

어디 뱃길, 기찻길뿐이었겠는가. 일제는 호남의 쌀을 더 쉽고 빠르게 나르고자 1908년 전주에서 군산까지 약 40㎞에 달하는 도로를 냈다. 전군가도, 현재 전주와 군산을 잇는 26번 국도로 '번영로'라 이름 붙어 있다. 그 긴 길이 굴곡 없이 직선으로 시원히 뻗어 있다는 것에 한 번 놀라고, 우리나라 최초의 아스팔트 포장 신작로라는 데에 다시 한 번 놀란다. 1926년에는 군산 시내와 내항을 원활히 연결하기 위해 터널을 냈다. **해망굴**이다. 한여름 땡볕 내리쬐는 날에도 터널 안은 서늘하다. 전군가도의 군산 끝자락이 닿고 해망굴이 관통하는 월명산 북측 **월명공원**에 오르니 군산 내항과 시내가 시원하게 펼쳐진다.

월명공원 산책로를 따라 마을로 내려오면 조금 더 내밀한 장소들이 기다리고 있다. 신흥동, 영화동, 월명동 등 내항 가까이의 원도심은 강점기 일본인 주거지역이었다. 그 흔적이 곳곳에 남아 있는데 **신흥동 일본식 가옥**이 대표적이다. 영화 〈장군의 아들〉과 〈타짜〉의 촬영지로도 유명한 이곳은 포목점을 운영하던 일본인 히로쓰広津의 집이었다. 2층 목조 주택으로 집 안의 방과 방은 기다란 복도를 따라 연결되어 있는데, 온돌방도 있고 다다미방도 있다. 복도에서 볕이 들어오는 쪽으로 벽 대신 통유리 창을 내 석등, 작은 석탑이 배치된 정원이 한눈에 들어오게 한 것이 매우 인상적

이다. 규모는 신흥동 일본식 가옥보다 훨씬 작고 본래 전당포였다
는 영화동의 또 다른 일본식 가옥 사가와에서는 작은 연못 주변으
로 멋스런 수목과 수수밭, 5층 석탑이 배치된 일본식 정원을 여유
롭게 감상할 수 있다.

원도심 가장 깊숙한 곳에 1909년 창건한 **동국사**가 있다. 우리
나라에서 유일한 일본식 사찰이다. 일본 조동종 우치다內田 스님
이 금강선사라는 이름으로 일조동에 개창한 것을 1913년 지금의
위치로 옮겨와 대웅전과 스님이 기거하는 요사채를 지었다. 해방
이후 미군정에 몰수되었다가 대한민국 정부로 이관됐는데, 1970
년에 선운사의 말사로 조계종에 편입됐다. 사찰명도 동국사로 바
뀌었는데 여기서 '동국'은 중국에서 조선을 지칭했던 표현으로 결
국 우리나라를 가리킨다.

주인도 바뀌고 이름도 바뀌었지만 절의 구조와 형태는 일제
때 그대로다. 단청이 없는 것이며 지붕의 경사가 깎아지를 듯이
급하고 용마루가 일직선에 가까운 것, 대웅전과 요사채가 복도로
연결된 것 모두가 우리의 전통 사찰과는 다른 모습이다. 일본 동
종이 설치된 범종각과 범종각 주위에 놓인 화강암 석불상 또한 사
찰보다는 단정한 신사를 떠올리게 한다.

동국사에서 눈여겨볼 것은 종각 옆에 자리한 참사문비와 소녀
상이다. 1992년 일본 조동종에서 과거 일제의 만행에 참회하고
사과하는 메시지를 담은 문서를 발표했는데 일본 불교 스님들이

군산 신흥동 일본식 가옥
근세 일본 무가武家의 고급 주택 양식으로 지은 적산이다.
국가등록문화재 제183호.

지난 2012년 그 내용을 명문화하여 참사문비를 세운 것이다. 그리고 광복 70주년이 되던 2015년 참사문비 앞에 평화의 소녀상이 세워졌다. 동국사의 행보에서 우리가 일제의 잔재를 어떻게 바라보고, 어떻게 전용하면 좋을지에 대한 힌트를 얻을 수 있을 것도 같다.

수탈의 흔적 위로 새로운 추억을 포개어

동국사로 드나드는 길목의 여인숙 간판에 눈길이 간다. 1960년대에 지은 건물로 2007년까지 실제 여인숙이었다. 이후 영업을 하지 않아 흉물스레 있던 것을 창작문화공간으로 단장했단다. 간판은 전과 다름없이 여인숙이지만 여러 이웃이 모여 뜻을 이룬다는 새로운 의미의 여인숙與隣熟이다. 여인숙이었던 장소적 특징을 살려 예술가들을 위한 레지던스 공간으로 활용하는 한편 다양한 전시 및 문화 프로그램을 통해 문화적 교류가 일어나도록 마중물 역할을 하고 있다.

여인숙에서 전시 한 편 보고 나와 출출해진 속을 달래기엔 **이성당**만 한 곳이 없다. 1945년 해방과 함께 문을 연 이성당은 우리나라에서 가장 오래되었다고 알려진 제과점으로 이미 전국구로 유명한 곳이다. 이 제과점 자체만으로도 70년이 넘는 노포지만

하루에 백 년을 걷다

1920년대 일본인이 운영한 화과자점을 인수한 것부터 치면 정말로 백 년 가까이 된 노포 중의 노포다. 대표 메뉴는 그 명성에 걸맞게 클래식한 느낌의 단팥빵과 야채빵이다. 이 두 가지 빵이 나오는 시간이 가까워지면 대기 줄이 페스츄리 속살처럼 겹겹이 쌓인다. 그 틈에 끼어 한참을 기다린 후에 겨우 야채빵을 입에 넣는다. 부드러운 식감의 빵 속에 양배추와 당근, 양파 등 잘게 썬 야채를 마요네즈에 버무린 소가 들어 있다. 샐러드를 '사라다'라고 부르곤 했던 할머니의 손맛이랄까. 정겨운 기분에 욕심을 부려 한 아름 사게 되는 맛이다.

그렇게 허기진 배를 달래고 마지막으로 들른 곳은 원도심 한가운데 위치한 **초원사진관**이다. 1998년에 개봉했으니 꽤 오랜 시간이 지났음에도 영화 〈8월의 크리스마스〉의 아련함을 기억하는 사람들이 많은가 보다. 들어오는 이마다 사진사였던 남자 주인공이 주차 단속원이었던 여자 주인공의 증명사진을 찍어주거나 편지를 남기던 장면을 흉내 내며 스스로 이 공간, 이 거리, 이 도시의 주인공이 된다.

세월이 흐르고 흘러 탁류는 저만치 물러나고 그 자리에 자박자박 다시금 좋은 흐름이 생겨나고 있는 군산이다. 뼈아픈 수탈의 역사, 빼앗기기만 하던 땅에 남겨진 것들 위로 새로운 추억들이 한 겹, 두 겹 포개지니 말이다.

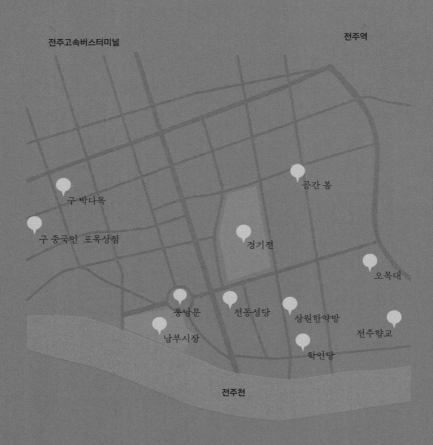

전주고속버스터미널   전주역

구 박다옥

공간 봄

구 중국인 포목상점

경기전

오목대

풍남문   전동성당   삼원한약방

남부시장   전주향교

학인당

전주천

───────── 전주 천변 ─────────

전주 천변

온전한 고을,
전주의 변주

전주 풍납동 한구석의 야트막한 언덕 **오목대**에 올랐다. 가가호호 팔작지붕이 발아래로 잔물결 일렁이듯 너르게 퍼져나간다. 더욱이 조선의 탯자리 **경기전**이 그 가운데에 있으니 예스럽고 고즈넉한 분위기에 젖어들게 되는데…. 지금의 이 풍경은 일제에 저항하여 우리 것을 지키고자 했던 전주 사람들의 자존심이 일궈낸 것이었으니 수차례 여행을 왔어도 겉핥기만 했던 전주를 다시 들여다보게 된다.

대한제국을 윽박지른 일제가 1905년 기어코 을사늑약을 단행한 이후였다. 호남의 양곡을 수탈하기 위해 전주에서 군산까지 40km에 달하는 도로 전군가도를 냈던 그들이었다. 도로를 뚫는데 전주를 감싸고 있던 전주읍성의 성벽과 성문은 고려 대상이 되지 못했다. 그 틈에 서문 밖 전주 천변에 머무르던 일본인들이 성

안으로 들어와 본래 제 것인 양 자리를 차지했다. 그러나 이곳이 어디인가. 조선의 탯자리이기 이전에 백제로부터 이어진 천년고도의 예향 전주다. 전주 사람들의 자존심은 이를 보고만 있지 않았다.

근대 한옥에 깃든 온고이지신

전주 한옥마을에는 처마선이 미소를 머금은 듯 끝자락을 살짝 들어 올린 듯한 우리 전통 한옥의 멋은 살리되 근대 문물과 외세의 건축 양식을 십분 활용한 '근대 한옥'이 많다. 일본의 식민 지배가 가속화되던 때에 전주읍성의 남문이었던 **풍남문**을 기준으로 서쪽에 일본인들이 들어와 상권을 형성하고 점차 세력을 확장하자 그 반대편 동쪽으로 전주 토박이들이 하나둘 한옥을 지어 살기 시작했다. 그렇게 들어선 한옥이 700여 채에 달하니 오늘날 전주 완산구 교동과 풍남동 일대는 이름 그대로 '한옥마을'이 되었다.

　제대로 된 근대 한옥을 마주하려면 **학인당**의 솟을대문을 넘어야 한다. 학인당은 수원 백씨 인재공 백낙중 종가의 고택이다. 하룻밤 잠을 청하는 한옥 숙박은 물론이고 '종부가 들려주는 학인당 이야기' 등 다양한 문화체험이 가능하니 근대 한옥을 감상하기에 좋다. 구한말 전주의 만석꾼이었던 백낙중은 경복궁 중건에 큰돈

오목대에서 바라본 한옥마을
한옥마을 끝자락에 위치한 야트막한 언덕 배기 오목대에 오르면 팔작지붕이
드넓게 자락을 이어가는 전주 한옥마을이 한눈에 내려다보인다.

학인당

궁궐 건축 양식이 민간 주택에 접목된 대표적인 사례다. '헤리티지 스테이'를
운영하고 있어 숙박은 물론 다양한 문화체험이 가능하다.
전라북도 민속문화재 제8호.

을 쾌척하면서 고종으로부터 99칸에 이르는 '큰 집'을 지어도 좋
다는 허락을 받게 된다. 흥선대원군과의 연이 있었던 종가는 궁
궐 도편수와 대목장의 손을 빌리고 백두산 금강송을 비롯해 최고
의 자재를 들여 집을 지을 수 있었다. 덕분에 민가에서는 드물게
궁중 양식이 드러난다. ㄱ자 형태의 본채는 우물마루로 된 복도를
따라 연결되고, 방문도 3중으로 되어 있는데 모두 궁궐에서만 사
용했던 양식이란다.

학인당은 궁의 양식을 차용하여 전통 한옥의 태를 갖추었지만
약한 지반을 보완하기 위해 콘크리트와 벽돌을 사용해 기초를 다
지고, 본채 전면은 문풍지 바른 창호 대신 비바람을 이겨낼 수 있
는 유리로 여닫이문을 달았다. 더불어 국악과 소리에 조예가 깊었
던 백낙중은 집을 공연장으로 사용하고자 천장을 높게 하고 대청
마루는 좌우의 문을 들어 올려 필요시 넓게 쓸 수 있도록 했다. 채
광도 좋고 드나드는 바람도 좋다. 천장은 다락에 광창을 낼 수 있
을 만큼 높다. 덕분에 정면 지붕에 올린 박공면에 창을 내달았으
니 2층집의 모양새다. 여기에 전기 시설과 수도 시설이 더해졌다.
개화기 최신식 한옥 학인당은 근래 장삿속에 휘뚜루마뚜루 구색
만 갖춘 한옥과는 확실히 다르다. 이를테면 온고이지신. 멋스럽고
도 지혜롭다. 1908년에 완성되었으니 한옥마을에서 가장 오래되
었거니와 그 자체로도 으뜸가는 집채이니 충분히 근대기 전주 한
옥의 모델이 되었음직하다.

3대째 같은 자리를 지키고 있는 또 하나의 터줏대감 삼원한약방과 더불어 풍채는 학인당에 비할 게 못되지만 처마 낮은 기와지붕이 어깨동무하고 있는 골목을 따라 자존심으로 일군 근대 한옥이 옹기종기하다. 이곳에서 한옥 생활이 낯선 도시인들이 부담 없이 하룻밤을 청하고, 전주 한옥 특유의 살갑고 정겨운 맛을 음미할 수 있게 됐다. 1930년대 말 전라도의 몰락해가는 양반가를 배경으로 한 대하소설 〈혼불〉에서 작가 최명희는 전주를 '꽃심을 지닌 땅'이라 했다. "가슴에 꽃심이 있으니. 피고, 지고, 다시 피어." 중한 것은 가슴 깊이 품어 무엇에도 굴하지 않고 새로운 꽃으로 피워내는 힘, 이것이 전주의 품격이다.

전주 천변의 동상이몽

한옥마을을 찾는 이들이 한옥에서 잠을 청하지는 못할지언정 빼놓지 않고 걸음 하는 곳은 경기전 맞은편에 위치한 **전동성당**이다. 화강암 기단 위에 붉은 벽돌을 쌓아 올렸다. 문과 창문, 천장 등에는 반원형의 아치가 돋보인다. 굵직한 기둥과 두꺼운 벽이 그 아치를 탄탄하게 떠받친다. 건물 머리 중앙의 커다란 종탑을 중심으로 좌우 대칭을 이루는 작은 종탑도 멋스럽다. 전혀 다른 생김새이지만 한옥마을과 또 다른 고풍스러움이 주변의 기운과 잘 어우

전동성당
저마다 짝을 지은 사람들이 발도장을 찍고 기념사진도 찍는다.
한옥마을의 근대 한옥과 대비되는 성당의 아치는 기와지붕의 처마선과는
또 다른 곡선미를 느끼게 한다. 사적 제288호.

러지기에 연신 감탄사를 내뱉게 된다.

당시 개항지를 중심으로 서양식 근대 건축물이 들어섰던 것을 감안하면 전주에 이토록 웅장한 성당이 들어선 것이 의아할지 모르겠다. 그런데 우리나라 천주교 최초의 순교자인 윤지충과 권상연이 1791년 신해박해 때 처형당한 곳이 전주 풍남문 밖 형장이라 한다. 성당의 주춧돌은 일본 통감부가 전주읍성을 헐면서 나온 풍남문 인근의 성돌을 전주부의 허가를 얻어 가져다 썼다. 1914년에 완성된 벽돌조의 성당 외형은 중국인 인부 100여 명이 벽돌을 직접 구워서 쌓은 것이라 했다. 이때 만든 벽돌 일부도 전주읍성을 헐면서 나온 흙으로 구웠다고 전해진다. 근대기에 지어졌다는 이유만으로 근대 문화유산이라는 가치를 부여할 수는 없다. 전동성당이 전주를 대표하는 근대 문화유산으로 돋보이는 것은 그 시기 우리의 역사가 치러낸 격변을 근저에 품고 있기에 가능한 것이다.

전동성당 건립에 동원되었던 중국인 벽돌공들의 손때는 한옥마을에서 타박타박 걸어 10분 남짓 거리의 다가동에서도 찾을 수 있다. 등록문화재 제174호로 지정된 **전주 다가동 구 중국인 포목상점**은 1920년대에 지은 단층 건물로 두 개의 상점이 이어져 정면에서 바라봤을 때 가로 폭이 기다랗다. 건물명에서 짐작할 수 있듯 중국 벽돌공들이 지은 이곳 상가에서 중국 상인들이 중국 비단을 가져다 팔았다. 중국 상하이의 비단 상점을 본떠 지은 외관은 옛

전주 다가동 구 중국인 포목상점
전주의 차이나타운이라 할 수 있는 차이나거리 가운데 위치해 있다.
국가등록문화재 제174호.

모습 그대로라고 하는데 지금은 이발소와 인쇄소가 그 자리를 지키고 있다.

이 일대가 근대기 일본인들이 상권을 장악했던 곳이었으니 그들의 흔적 또한 가까이에 남아 있다. 대표적인 곳이 등록문화재 제173호 **전주 중앙동 구 박다옥**이다. 박다옥은 우동집이었다. 그런데 보통 우동집은 아니었던 듯하다. 타일과 인조석으로 마감한 3층짜리 건물이다. 전주에 들어선 최초의 대형 음식점이었다고 한다. 이후 목욕탕, 은행 등으로 사용되다가 지금은 한복집과 양복점이 나란히 들어서 있다. 풍남문 앞으로 난 대로를 사이에 두고 한옥마을과는 사뭇 다른 풍경이다. 백여 년 전 그때에는 훨씬 더했겠지.

발길 돌리기가 쉽지 않다. 길 건너 한옥마을 골목으로 다시 들어섰다. 적산가옥을 카페로 단장한 **공간 봄**을 찾아 매실차 한 모금을 넘긴다. 자연스레 의자 깊숙이 기대앉았는데 한옥과 적산, 그리고 외국인 상점까지 전주천을 끼고 도는 이 땅에 동상이몽의 기묘한 동거가 아닐 수 없다 싶더라니. 그러나 보랏빛 맥문동이 곱게 피어난 소담한 정원을 감싸 안고 있는 카페는 일 년 내내 여행객들로 북적이는 한옥마을에서 손에 꼽을 만큼 차분한 곳이었다. 그 덕에 잠시 번잡스러워졌던 마음자리를 달랜다.

다시 오목대에 올라 한옥마을을 굽어본다. 어스름이 밀려드는 가운데 기와지붕이 춤을 추듯 너울너울한다. 유명 관광지가 되면서 음식점, 카페, 노점 등이 어지럽게 들어서 다소 아쉬운 마음이 들기도 했다. 하지만 허울 좋게 꾸민 보여주기 식의 한옥이 아니라 주인은 바뀌어도 사람의 온기를 잃지 않고 지난 한 세기를 살아온 한옥이 여전히 특유의 빛깔을 자랑하고 있음을 다시금 확인하는 순간이기도 했다. 무엇을 볼 것인가, 무엇을 이야기할 것인가는 결국 각자의 눈에, 각자의 마음에 달린 것 아니겠는가.

한중문

의선당

인천역

자유공원

중화가
선린문
홍예문

제물포구락부,
인천광역시 역사자료관

삼국지 벽화 거리
내동 성공회성당

짜장면박물관

인천개항박물관
(구 인천 일본 제일은행)

인천아트플랫폼

인화문

신포국제시장

답동성당

인천항

신포역

────────────── 인천 개항누리길 주변 ──────────────

개항장 인천에 남아 있는
이방의 흔적

서울에서 인천으로 향하는 지하철 1호선은 차창 밖으로 바깥 풍경을 볼 수 있어서인지 그리 먼 거리가 아님에도 충분히 나들이 기분을 내게 했다. 그렇게 도착한 경인선의 종점 인천역은 낯설었다. 인천역의 또 다른 이름인 '차이나타운'이 일러주듯 역사를 나서기 무섭게 이방의 기운이 시야를 압도했다.

  인천을 빼놓고 우리나라 근대를 이야기할 수 있을까? 흥선대원군의 쇄국 정치가 역사의 뒤켠으로 물러나고 1883년 열강에 의해 부산과 원산 그리고 인천 제물포항이 개항을 맞게 된다. 특히 인천은 서구의 근대 문물이 들어온 길목으로 외국 영사관이 들어서고, 각국 상인들이 자리를 잡아 조계를 형성하면서 국제도시로 급변을 겪는다. 인천역 일대에 그 시절의 흔적이 남아 있다. 우선 1899년에 첫 기적을 울린 **인천역**은 우리나라 철도 역사가 시작된 곳이다. 인천항을 통하는 물자를 효율적으로 실어 나르기 위해 부두를 따라 선로를 놓았다. 자연히 부둣가보다는 인천역을 중심으로 사람과 물자가 모이고 흩어졌다. 한국전쟁으로 소실된 역사는 1960년에 다시 지어 오늘에 이른다. 소도읍의 간이역을 떠올리게 할 만큼 광역시 소재의 역사라 하기엔 어쩐지 초라해 보이는 외관은 그 때문이다.

차이나타운에 들어서는 순간 이방인이 된다

인천역사가 초라해보였던 데는 대로 건너로 마주보이는 차이나타운 패루가 분명 한몫을 한다. 이전에도 이 땅에 중국 상인들이 드나들긴 했지만 1884년 지금의 차이나타운 일대 선린동이 중국 조계지로 설정되고, 그해 청국 영사관이 세워지면서 화교의 수가 급속도로 늘었다. 이후 1899년 중국 산둥성에서 일어난 의화단 사건을 피해 우리나라로 건너온 중국인들 또한 인천으로 모여들면서 바야흐로 인천은 화교의 근거지로 기반을 닦게 된다.

차이나타운에는 인천역 맞은편 정문에 해당하는 **중화가**를 비롯하여 **인화문, 선린문, 한중문** 등 총 4개의 패루가 있다. 이 패루는 2000년 중국 산둥반도 북쪽 끝에 위치한 항구도시 웨이하이시에서 한중 우호 관계를 돈독히 하자는 의미를 담아 기증한 것이다.

인천 차이나타운 제3패루 선린문

중국에는 도시의 아름다운 풍경과 경축의 뜻을 나타내기 위하여
큰 거리에 길을 가로질러 패루를 세우는 전통이 있다.
삼국지와 초한지 벽화거리 가까이에 있는 제3패루는 선린문이라고도 하는데
이는 한국과 중국이 가까운 이웃이라는 의미다.

패루는 마을 입구나 대로를 가로질러 세운 탑 모양의 중국식 대문을 가리킨다. 으리으리한 제1패루 중화가를 통과하면 붉은색 한자어 간판과 홍등이 도열한 차이나타운이다.

월병, 공갈빵, 옹기병 등 중국식 주전부리를 파는 상점에 꽤 많은 이들이 줄을 서지만 차이나타운의 백미는 역시나 짜장면이다. 조선의 상권을 장악한 화교 마을에 중국 요릿집들이 번창한 것은 당연지사. 지금도 이곳 요릿집 대부분은 화교들이 직접 운영하고 있단다. "우리 진짜 화교가 하는 데야. 우리 짜장면 맛있어." 가게 문을 열고 나와 손짓하는 이들의 환대는 거리를 더욱 활기차게 만든다. 현재 **짜장면박물관**으로 단장한 옛 공화춘 건물은 일제강점기 최고급 요리점이었다. 회색 벽돌로 마감하고, 내부는 주칠과 화려한 문양으로 장식한 것이 인상적이다.

골목길을 따라 담장 없이 다닥다닥 붙은 중국식 점포와 우리나라 유일의 중국식 사찰 '의선당', 청나라 정원 양식을 본떠 만든 공원 '한중원' 등 화교들의 생활 터전은 중국의 대표적인 역사소설 『삼국지』의 명장면을 감상할 수 있는 **삼국지 벽화 거리**와 더불어 차이나타운 특유의 정취를 형성하고 있다. 지금에야 차이나타운이 유명 관광지가 되었지만 지역 토박이라는 중년의 사내는 그의 유년 시절만 하더라도 한국인들은 감히 이 거리를 지나갈 엄두를 내지 못했을 만큼 딴 세상이었다고 회고했다. 적어도 차이나타운에서는 한국 사람이 이방인이 되는 셈이었다.

강요된 경계 너머

골목길의 분위기는 청·일 조계지 경계 계단을 기준으로 확 바뀐다. 돌계단을 중심으로 왼쪽에 중국식 석등, 오른쪽에 일본식 석등이 나란한 데서 짐작할 수 있듯이 왼쪽이 청국 조계, 오른쪽이 일본 조계였다. 자유공원으로 연결되는 계단 위쪽에는 중국 칭다오에서 기증한 공자상이 인천항을 바라보고 있다.

오르막을 따라 조금씩 녹음이 짙어지는데 사뭇 다른 인상의 두 건축물이 호기심을 유발한다. 그중 하나가 회칠하여 뽀얀 인상의 **제물포구락부**다. 근대기 인천에 거주했던 외국인들이 1901년 자신들의 사교 모임 장소로 사용하기 위해 지은 건물이다. '구락부俱樂部'는 클럽의 일본식 음역이다. 다 함께 모여 이야기를 나누는 사교실을 비롯하여 당구장, 독서실 등 사교 활동에 필요한 다양한 편의시설을 갖추었다. 비탈진 데 지어서인지 2층 건물이지만 상대적으로 1층은 낮고, 2층 천장은 높은 것이 특징이다. 1953년부터 1990년까지는 인천시립박물관으로 활용되다가 현재는 시민들을 위한 복합문화공간으로 개방하고 있다.

제물포구락부 맞은편 기슭에는 한옥 한 채가 들어앉았다. 일본인 사업가 코노 다케노스케河野竹之助의 별장이 있던 자리다. 해방 후 동양장이라는 레스토랑, 송학장이라는 댄스홀로 사용되던 것을 인천시에서 매입, 한옥으로 개축하여 인천시장 공관으로 사

구 인천 일본 제일은행 지점

대한제국기인 1899년에 건립된 일본 제일은행 지점이다. 건물 중앙부에
돔을 얹은 것이 르네상스 양식을 반영한 것이라 한다. 2010년부터
인천개항박물관으로 활용되고 있다. 인천광역시 유형문화재 제7호.

용했고, 현재는 **인천광역시 역사자료관**으로 문을 열어두고 있다. 사료가 꽤 많다. 누구든 와서 열람할 수 있다고 한다. 그런데 책장에 빼곡한 자료보다는 창밖으로 보이는 정원에 더 눈이 갔다. 인천 앞바다가 내려다보이는 그 수려한 정원을 거닐다 보면 절로 '이 좋은 터가 꽤 오래 시달렸구나' 혼잣말을 내뱉게 된다.

언덕 정상부에 너르게 조성된 **자유공원**은 우리나라 최초의 서구식 공원이다. 이름이 네 차례 바뀌었는데 그 변화 속에 근현대사가 녹아 있다. 개항 5년 후인 1888년 처음 공원이 조성될 때에는 각국 공동 조계 내에 위치해 있었기에 각국공원이라 했다. 강점기에는 서공원, 해방 후에는 만국공원이라 하던 것을 한국전쟁 이후인 1957년 공원 내에 맥아더 장군의 동상을 세우면서 이름을 또 다시 자유공원이라 바꾸게 된다. 보이진 않지만 공원에 시간의 경계가 축적된 셈이다. 그러나 현장학습을 나온 것인지 교복 차림의 학생들부터 삼삼오오 그늘 아래서 소일하는 어르신들까지 한 프레임에 들어오는 오늘의 공원 풍경은 이름 그대로 자유로움이 물씬했다.

무엇이 우리를 위로해줄 수 있을까

자유공원에서 응봉산 자락의 **홍예문**을 통과하면 **내동 성공회성당**

이다. 우리나라 성공회의 역사는 1890년 영국 해군 종군신부였던 코프Charles John Corfe 주교와 내과의사 랜디스Eli Barr Landis가 제물포항에 도착하면서 시작됐다. 코프 주교는 인천 송학동에 성미카엘 교회를 세워 선교 활동을 했으나 한국전쟁 때 소실됐다. 이후 1956년 랜디스가 의료 구호를 전개했던 누가병원 자리에 다시 지은 교회가 현재의 내동 성공회성당이다. 유럽의 중세 건축물을 떠올리게 하는 석조가 매우 견고한 자태를 뽐낸다.

그 언덕 아래 제물포 방향으로 눈길이 가지 않는다면 이상할 정도로 이목을 끄는 건축물이 하나 더 보인다. 붉은 벽돌조에 아치형 스테인드글라스 창문, 팔각의 종 머리 돔을 얹은 종탑 등이 한층 화려한 인상을 주는 **답동성당**이다. 1887년 조불수호조약이 체결된 후 파리 외방전교회의 빌렘Nicolas Joseph Marie Wilhelm 신부가 제물포로 들어와 선교 활동을 시작했고 1897년에 지금의 성당을 축성했다. 포교에도 분명 긍정과 부정의 양면이 있다. 그러나 급작스러운 개항과 일제의 탄압, 전쟁의 소용돌이까지 비정상적인 일련의 사달에 고스란히 노출된 사람들에게 종교의 울타리가 심신의 위로가 되었던 것은 부정할 수 없을 것이다.

개항장 너머 근대의 발자국을 따라 땀 흘리며 다닌 내게 위로가 된 것은 따로 있었다. 차이나타운과 골목 하나를 사이에 두고 인천의 구도심을 형성하고 있는 해안동의 **인천아트플랫폼**이다. 개항 후 인천항으로 쏟아졌던 막대한 양의 물류를 감당할 길이 없어

답동성당

답동 언덕에 세워진 아름다운 성당이다. 지금 봐도 단연 눈에 띄는 건물인데
1897년 당시에는 얼마나 많은 사람들을 놀라게 했을까. 사적 제287호.

인천아트플랫폼

세상에 쓸모없는 것이란 게 있을까? 근대기에 갯벌을 매립하여 세웠던
창고 건물들 역시 한때 쓸모없다 여겨졌지만 이 산업 문화유산은 복합문화공간
'인천아트플랫폼'으로 다시 제 쓸모를 찾았다.

갯벌을 매립해 수십 채의 창고 건물을 지었다고 한다. 세월이 흘러 버려진 산업 유산이 되나 했던 것이 리모델링을 거쳐 버젓한 복합문화공간으로 다시 태어났다. 예술가들이 머물며 창작 활동을 펼치는 레지던시 프로그램을 바탕으로 다양한 전시, 공연, 교육 프로그램이 진행된다. 창고라지만 붉은 벽돌로 큼직큼직하게 지어 올린 건물들이 나란히 들어서 있으니 꽤 근사하다.

개항장의 역사를 속속들이 몰라도 그만이다. 아트플랫폼의 프로그램에 애써 기웃거리지 않아도 괜찮다. 차이나타운 거리에서 파는 중국식 밀크티 '전주나이차' 한 잔을 들고 인천아트플랫폼 벤치에 앉아 땀을 식히는 것만으로 개항장 너머에 스민 문화적 감수성을 충분히 흡수할 수 있다. 그러니 근대로의 여행을 그리 무겁고 어렵게 생각할 일은 아니다.

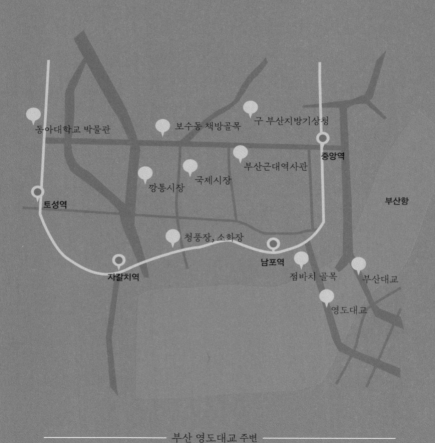

동아대학교 박물관

보수동 책방골목

구 부산지방기상청

중앙역

부산근대역사관

국제시장

깡통시장

토성역

부산항

청풍장, 소화장

남포역

자갈치역

점바치 골목

부산대교

영도대교

부산 영도대교 주변

가마솥처럼 넉넉하고도 뜨거웠던
부산의 품결 따라

색색의 등산복 차림의 구경꾼들로 다리 위는 이미 빼곡했다. "눈
보라가 휘날리는 바람찬…" "꽃피는 동백섬에 봄이 왔건만…" "부
산 갈매기, 부산 갈매기…" 스피커를 타고 흘러나오는 노랫가락에
저마다 아는 구절을 따라 부르며 한껏 흥을 돋우는데 마침내 사이
렌이 울리고 차도, 사람도 모두 발이 묶인다. 이윽고 다리가 하늘
을 향해 올라가고 그 밑바닥을 보인다. 옛 영도다리의 진풍경이
되살아난 영도대교. 15분가량의 도개 시간, 다리 위에서 자유로운
것은 갈매기뿐이다.

　가마솥 모양을 닮은 산자락에 포근히 둘러싸인 포구. 조그맣
고 조용했던 어촌 마을 부산포가 이렇게 큰 항구도시이자 우리나
라에서 두 번째로 손꼽히는 경제도시, 세계적인 영화제가 열리
는 문화도시로 성장한 배경에는 1876년 강화도조약이 있다. 일본

이 강압하여 불평등하게 맺은 이 조약의 첫째 항목이 바로 '조선은 부산과 원산과 인천 항구를 20개월 이내에 개항'한다는 것이었다. 그로부터 부산은 식민지 개항장이자 근대 도시로 새로운 역사를 쓰게 되는데, 그 주요 무대가 부산 앞바다 영도대교 너머의 남포동, 광복동, 중앙동으로 이어지는 부산의 원도심이다.

탄성과 탄식이 한데 뒤섞인 영도다리 아래

일제는 한창 대륙 침략을 도모하고 우리의 물자를 끝없이 수탈하던 시기에 부산 내륙과 부산항 코앞의 영도를 연결하는 다리를 놓았다. 영도다리다. 큰 배가 다리에 걸리지 않고 안전하게 운항할 수 있도록 다리 상판 한쪽을 들어 올릴 수 있게 설계했다. 우리나라 최초의 연륙교이자 다리 한쪽이 올라가는 도개교로 개통한 것인데 일제의 속뜻이 어떠했든 당시 사람들에게는 눈이 휘둥그레지고 입이 절로 벌어지는 부산 제일의 구경거리였다. 하루 여섯 번 도개하는 모습을 보려는 사람들로 영도다리 근처는 늘 북적였다고 한다.

　해방 후에도 북적거리기는 마찬가지였다. 그러나 이유는 달랐다. 해방의 기쁨은 아주 잠깐이었고 전쟁의 소용돌이에서 남으로, 남으로 밀려온 피란민들은 피붙이와 헤어지며 이곳 영도다리에서 다시 만나자 약속을 했다. 겨우 닿은 다리 위에서 보고픈 얼굴 찾아 몇 날 며칠이고 서성여보아도 찾을 수 없었던 피란민들의 먹먹한 표정이 파도 위로 일렁이기 일쑤였단다. 그네들의 허탈한 마음을 달래어주는 것은 다리 아래로 줄을 이은 국밥집과 점집이었다. 이름하여 **점바치 골목**. 점바치는 점쟁이의 경상도 사투리로 영도다리 주변에 무려 50군데가 넘을 만큼 점집이 성행했을 때 이 골목을 그리 불렀다고 한다.

여기저기 탄성과 탄식의 목소리가 터져 나오던 당시의 영도다리는 시설이 낡고 교통량은 늘어난 데다 영도로 들어가는 수도관을 다리에 붙여 연결하면서 1966년 9월 도개를 멈추었다. 본래 부산대교라는 명칭도 부산 개항 100주년을 맞아 영도다리 옆으로 새로 만든 현재의 부산대교에 내어주었다. 이후 안전성의 문제로 철거하자는 이야기가 나올 만큼 유명무실의 길을 걷는 듯했던 영도다리는 피란민들을 끌어안은 우리 근현대사의 상징적인 건축물로 인정받아 수년간의 복원을 거쳐 2013년 11월부터 **영도대교**라는 새 이름을 달고 다시 도개를 시작했다. "아이고, 살다 보이 이래 영도다리 다시 열리는 걸 보네." 관광버스를 대절해 구경에 나선 나이 지긋한 어르신들의 혼잣말에 괜스레 감격스러워진다.

옛 번영은 사라지고 없지만 여전히 간판을 걸어놓은 점집도 눈에 띈다. '사람 찾읍니다'라는 입간판이 예사로 보이지 않는다. 그 옛날에도 정말로 여기서 그리운 이를 찾아준다고 믿은 사람은

점바치 골목
'소문난 점집'이라는 간판이 무색하게도
한산한 기운이 감돈다.

영도대교

다리 상판을 들어올리는 영도대교의 도개를 보기 위해
수많은 인파가 몰려들곤 한다.

없겠지만 간절한 마음을 담아 언젠가는 꼭 찾을 수 있다는 제 스스로의 믿음을 다지기 위해 이 문턱을 넘지 않았을까. 어린 시절 배탈이 나면 약이나 주사보다 엄마 약손, 할머니 약손을 찾곤 했던 것처럼.

사람 사는 냄새가 여전히 묻어나는 부산 원도심 골목골목

부산을 여행하는 사람들에게 영도대교 너머 부산의 원도심 구경이란 대개 자갈치시장에서 신선한 해산물로 든든히 배를 채우고, BIFF 광장과 광복동 국제시장 골목골목을 돌며 쇼핑을 하고, 용두산공원에 올라 부산항을 조망하는 것으로 귀결되는 경우가 많다. 하지만 몰라서 그렇지 그 사이사이 찾아가보면 좋을 근대의 흔적이 제법 많다. BIFF 광장에 위치한 남포동 CGV 영화관 뒷골목의 **청풍장**과 **소화장**이 대표적이다. 곧 철거를 한다 해도 이상할 것 없어 보일 만큼 허름한 연립주택인데 이 건물이 들어서던 1940년대 초반 부산에서 잘나가던 사람들이 입주한 부산 최초의 공동주택이었다. 한국전쟁 때에는 국회의원 숙소로 이용되었을 만큼 최고급이었던 곳. 그 앞을 한참 서성이는데 겉보기가 초라해졌다고 함부로 이렇다 저렇다 할 수 있을까 싶다. 시간이 흘러 초라한 차림새가 되었지만 여전히 이곳이 최고의 보금자리라 여기는 누군가가 살고 있으니 말이다.

부산의 원도심 일대에는 익히 알려진 자갈치시장, 국제시장 등 오래된 시장이 많은데 청풍장, 소화장과 가까운 곳의 **깡통시장** 역시 놓치기 아까운 곳이다. 사실 깡통시장은 국제시장 길 건너편에 위치한 부평동시장 내 수입품 골목의 별칭이다. 부평동시장은 역사가 무려 1910년으로 거슬러 올라가는 우리나라 최초의 공설시장이다. 전통적인 오일장이 아니라 매일매일 문을 여는 장이 생긴 것이다.

별의별 것을 다 팔았지만 일제강점기를 거쳐 해방, 한국전쟁에 이르기까지 부산항을 통해 들어온 미군의 군수물자가 PX와 얌생이꾼들에 의해 이곳 부평동시장으로 흘러들어오게 됐다. 그중 가장 인기 있었던 것이 통조림 형태의 품목이었다고 한다. 몰래 빼내기도 수월했을 테고 모두가 굶주리던 시절이었기 때문일 거다. 전후에도 일본을 오가는 보따리상들의 활약으로 깡통시장의 역사는 계속됐다. 지금도 양주와 담배를 비롯하여 화장품, 염색약, 커피, 과자, 각종 소스류 등 물 건너온 제품들이 시장 골목을 가득 채우고 있다. 물론 요즘에는 대부분 정식으로 수입하는 물품을 거래한단다. 수입품을 구경하는 재미도 좋지만 팥죽, 비빔당면, 유부전골 등 골목골목 새로이 등장하는 깡통시장표 주전부리 때문에 한 번 발을 들이면 시간 가는 줄 모르고 시장을 맴돌게 된다.

깡통시장에서 언덕진 곳으로 큰길을 건너면 **보수동 책방골목**이

국제시장 언저리 상점가

오래된 시장과 테마 거리가 수없이 교차하는 부산의 원도심 풍경이다.

다. 낮에 항구나 시장에서 하루벌이를 하던 피란민들은 부평시장 뒤쪽 언덕배기에 마을을 이루고 살았다. 보수동 책방골목은 피란민들의 일터와 천막집이 자리하던 언덕길 중간 즈음에 위치하고 있는데 배는 곯아도 정신은 곯을 수 없는 것이 아니었을까. 부산 사람, 피란민 할 것 없이 천막 교실 아래 헌책을 구해다 공부했다던 옛 이야기는 허튼 말이 아니다. 그 옛날 헌책방의 모습은 남아 있지 않지만 때 묻고 먼지 먹은 헌책에 당시의 향수가 배어 있음은 두말할 것이 없다.

부산의 근대를 한눈에 담아

보수동 책방골목을 기점으로 서쪽에는 일제강점기에 경남도청사로, 한국전쟁 때 임시수도 정부청사로, 그 이후에는 부산지방법원 및 부산지방검찰청 본관으로 사용되었던 **동아대학교 박물관**이 있다. 동쪽에는 동양척식주식회사 부산지점, 미국 문화원과 미국 대사관으로 사용되었던 **부산근대역사관**이 있다. 모두 근대 문화유산이기도 하거니와 부산의 근대를 한눈에 살펴볼 수 있는 전시 공간으로 단장해 부산 원도심을 거니는 근대 여행에 충분한 길잡이가 되어준다.

보수동 책방골목 너머 언덕 가장 높은 곳에 위치한 **부산지방기**

상청까지 가파른 길을 천천히 걸어 올라가본다. 용두산을 굽어보는 위치에 있지만 삐죽 솟은 부산타워와는 눈이 맞는다. 2002년 부산지방기상청이 옛 동래세무서 자리로 이전하면서 현재는 기상 관측 업무만 담당하고 있지만, 이곳 기상청 건물 역시 1930년대의 근대 문화유산이다. 배를 형상화한 모습이 인상적인데 일제가 1904년 보수동에 마련했던 부산 임시측후소를 1934년 이곳 복병산 꼭대기로 이전하면서 지상 4층 규모로 신축했다. 앞이 탁 트인 언덕 꼭대기라 그런지 바람이 꽤 세차다. 그 때문일까? 멀리 보이는 부산항을 향해 곧바로 나아갈 듯한 위풍당당함이 느껴지기도 한다. 그런데 무려 백여 년 전의 기상청이라니 생소하면서도 자꾸만 호기심이 생긴다.

개항장에는 무역에 부과하는 관세를 징수하고 상품을 검수·검역하는 세관이 설치되었다. 이 세관에서 맡은 중요한 역할 중 하나가 기상 관측이었다. 선박이 드나드는 데 위험이 없도록 기상 상황을 관측하여 공유하는 것은 그 무엇보다 중요한 일이었다. 러일전쟁을 준비하던 일본으로서는 군사 작전에도 기상 정보가 절실했다. 그런 이유로 설치됐던 임시측후소는 해방 이후 국립중앙기상대 부산측후소로 운용되다가 1992년 부산지방기상청으로 승격됐다. 그리고 2007년 세계기상기구(WMO)에서 지정하는 '100년 관측소'에 선정됐는데, 전 세계 기상관측소 1만 3천여 개 중에 100년 관측소로 선정된 곳은 60개소 남짓이라고 한다. 그야말로 시련 속에 발전한 근대 기상 관측의 현장이다.

기상청 앞마당에서 건물을 등지면 산허리를 둘러가며 집집마다 파란 물통을 모자처럼 쓰고 있는 부산의 달동네와 용두산공원, 그리고 부산항까지 부산의 원도심이 말 그대로 한눈에 내다보인다. 지난 백여 년간 부산포가 어찌 변화하는지를 그대로 목도한 곳이지 않은가. 무어라도 더 이야기를 들려줄 것만 같아 우두커니 서 한참 바닷바람을 끌어안았다.

부산지방기상청
1939년 조선총독부 기상대 부산측후소로 준공되어 현재까지
부산의 기상을 관측하고 있는 옛 부산지방기상청 건물이다.
부산광역시 기념물 제51호.

충렬사

구 통영청년단 회관

세병관

박경리
생가

청마 거리

동피랑

강구안 문화마당

김상옥 생가

초정 거리

서호시장

통영시립박물관
(구 통영군청)

통영항

────────── 통영 토영이야길 주변 ──────────

통영이 그 시절
그 사람들을 기억하는 방법

짙푸른 바다 위로 섬과 구름과 하늘이 한 폭에 어우러지는 다도해는 언제나 아스라하다. 그리고 그 이름만 들어도 마음 한구석이 시원하고도 넉넉해지는 통영. 백석은 '자다가도 일어나 바다로 가고 싶은 곳'이라 고백했고, 윤이상은 "나는 그 땅에 묻히고 싶습니다. 내 고향 대지의 따스함 속에 말입니다."라고 그리워한 바로 그 통영이다. 통영은 오래전부터 풍요의 기운을 머금고 있었다. 조선시대에 충청도, 전라도, 경상도 삼도의 수군을 총지휘하는 관청이자 해군 기지인 삼도수군통제영이 들어선 이래 군수물자를 만드는 공방을 갖추게 되면서 사람도 물자도 풍요로운 고장으로 거듭나게 되었기 때문이다. 이것뿐일까. 그 결 위로 또 다른 시간들이 겹겹이 파도치는 통영을 걸어보는데….

한 장 한 장 오래된 책장을 넘기듯 천천히

제주올레와는 상당히 다른 느낌이지만 통영에도 걷기 좋은 길이 있다. 토영이야길이다. 이곳 사람들은 통영을 편하게 퇴영 또는 토영이라고 부른단다. 이야는 누이를 일컫는 방언이다. 그러니까 토영이야길은 내 곱고 다정한 누이처럼 통영의 정다운 길이란 뜻을 담고 있는 것. 또한 이 길가엔 예부터 예향이라 불린 통영의 정서가 잔잔하게 느껴진다. 식민지풍이라든가 1960~70년대 색채라든가, 우리는 직접 경험하지는 않았다 하더라도 그때의 모습을 익히 알고 있다. 이는 그 시절을 투영한 예술가들의 작품에서 기인한다. 박경리, 유치환, 김춘수, 윤이상, 이중섭 등 각 분야에서 손꼽히는 예술가들이 이곳 통영에서 나고 자라거나, 식민 지배와 전란 등 시대의 비극을 피해 통영에 머물며 시대의 자화상을 그려 냈다. 우리가 교과서에서 배웠거나 읽어왔던 수많은 작품 속에 푸르른 통영이 배어 있음은 너무도 자연스럽다.

토영이야길은 여행자들이 다니기 쉽게 제시된 코스가 있지만 꼭 그대로 다니지 않아도 괜찮다. 이번 나들이는 **세병관** 담장을 따라 걷는 것으로 시작했다. 담장 아래 문화동에는 간창골이란 별칭이 있다. 통제영의 많은 관아가 모여 있어 관청골이라 부르던 것이 발음하기 편하게 바뀐 것이라 한다. 이 마을에서 태어난 소설가 박경리는 〈김약국의 딸들〉에 이곳을 '성지라 할 만한 지역이다'

라고 묘사했다. 실제 간창골 인근에 충무공을 모신 사당 **충렬사**가 자리하고 있는 한편 3·1만세운동과 이후 독립운동을 전개한 **구 통영청년단 회관**도 번듯하다. 1931년 일제에 의해 강제로 해산되기까지 통영청년단은 지역민들의 성금으로 2층의 붉은 벽돌 건물을 지어 그곳에서 민족의식을 높이고 다양한 교육과 문화 활동으로 계몽에 앞장섰다.

언덕배기 구불구불한 골목길 어디쯤에는 **박경리 생가**도 자리하고 있는데 지금은 개인 소유라 들어가볼 수는 없다. 통제영 시대 때부터 있었던 간창골 우물은 적어도 그의 유년기까지는 사용되었나 보다. 지금은 사용하지 않는다는 표석과 함께 동네 어귀 한쪽에는 '물 긷는 처녀, 각시들로 밤길은 어수선하였다'라고 기록한 박경리 선생의 육필 원고 표석이 세워져 있다. 그렇지, 우물에서 물 긷고 그 곁에서 빨래하던 시절이 호랑이 담배 피우던 옛 이야기만은 아니다. 가물가물하지만 내 어릴 적, 멀어봐야 부모 세대의 삶 속에도 등장하는 이야기들이다.

기꺼이 등을 내어주고, 기꺼이 기댈 수 있었던 곳

통영을 걷다보면 신기하리만큼 '참 많은 비碑가 세워져 있구나' 생각하게 된다. 표석, 시비, 동상 등 종류도 다양하니 무엇을 그리도

강구안 뒷골목

알고 보면 굉장한 노포들이 이웃하고 있는 강구안의 뒷골목이다.
백석의 시 한 수 읊을 여유가 생겨날 만큼 특유의 정취가 흐른다.

기념하고 싶었던 것일까. 토영이야길을 따라 걸으면서 조금씩 그 마음을 이해하게 된다.

세병관을 지나 강구안 방향으로 내려오는 길은 '이것은 소리 없는 아우성'으로 시작하는 〈깃발〉의 시인 청마 유치환을 기리는 **청마 거리**로 이어진다. 통영 출신인 시인은 생전에 지인들과 수많은 편지를 주고받았는데 편지를 보낼 때에는 이 길가의 우체국을 찾았다고 한다. 그 편지 가운데 청마가 사랑했던 시조 시인 이영도를 향한 연서도 있었다. 그런데 이 연서에는 문제가 좀 있었다. 이영도는 남편과 사별한 미망인이었지만 당시 유치환은 유부남이었기 때문. 둘 사이는 '플라토닉'으로 알려져 있는데, 유치환이 20여 년간 이영도에게 보낸 편지가 무려 2,000여 통에 달한다고. 그가 불의의 교통사고로 유명을 달리한 후 이영도는 그중 일부를 엮어 서간집을 내고, 인세 수익을 전액 정운시조상 기금으로 기부한 것으로 알려져 있다. 우체국 앞에 '사랑하는 것은 사랑을 받느니보다 행복하나니라' 고백했던 〈행복〉 시비가 있어 호사가들의 입에 오르내리던 그 시절의 스캔들을 상상하게 한다.

청마 거리 끝자락은 시조 시인 초정 김상옥을 기리는 **초정 거리**로 연결된다. '양지에 마주 앉아 실로 찬찬 매어 주던 / 하얀 손 가락 가락이 연붉은 그 손톱을 / 지금은 꿈속에 본 듯 힘줄만이 서누나' 김상옥 시인의 작품 〈봉선화〉의 일부다. 어렴풋이 기억이 날지도 모르겠다. 꽤 여러 작품이 국어 교과서에 실릴 만큼 초정은 우리 근현대 시문학에서 손꼽히는 작가다. 양쪽으로 옷가게와 음식점들이 밀집한 쇼핑 거리 중간 즈음 오래된 여인숙 언저리에 시인의 생가 터가 있다. 통제영 시절부터 줄곧 통영의 최고 번화가였던 곳인데 현재는 중심 상권이 분산되면서 시들해진 분위기가 역력하다.

그러나 통영 원도심을 걸으며 재미난 사실을 알게 된다. 유치환, 김상옥 시인은 물론 〈꽃〉으로 기억되는 김춘수 시인과 '한국의 피카소' '색채의 마술사'로 일컬어지는 전혁림 화백, 그리고 20세기 현대 음악의 거장으로 손꼽히는 윤이상 작곡가까지 이들이 모두 20세기 초반 통영에서 나고 자라 형 아우 구분 없이 우정을 나눈 사이란 점이다. 통영 출신은 아니지만 이중섭 화백도 한국전쟁기 피란 중 통영에 머물며 이들과 교류했다. 단순히 친분을 나눈 것이 아니라 함께 시대정신을 논하고, 서로의 작품 활동에 직간접적으로 영향을 미쳤다고 한다. 그 기운 때문인지 이상하게도 골목골목을 걷는 것만으로 그 시절의 시를 읊고, 소설을 읽는 듯한 기분이 들었다. 그 기분에 문득 이런 생각이 들었다. 시시껄렁한 농담을 주고받는 편한 친구도 좋지만 나는 누군가에게 영감이 되는 친구일까.

이름을 불러준다는 것

시간의 방향을 바꿔 그 옛날 한산대첩의 닻을 올린 **통영항**에 닿았다. 본래는 거북선과 판옥선 등 통제영의 병선을 정박했던 곳이다. 일제는 1906년 여황산 일대를 허물어 현재의 강구안과 주변 해안을 매립했다. 그리고 그 자리를 근대적 항만으로 조성해 군항으로 활용했다. 통영항과 인접한 **서호시장**은 당시에 조성된 통영 최초의 근대식 시장이다. 아직까지 '새터시장'이라 부르는 이가 많은데, 서호만 바다를 메워 새로 만든 터에 만든 시장이라는 역사를 그 이름이 품고 있다. '아적재자'라고도 하는데 이는 경남 방언으로 '아침시장'을 뜻한다. 일제가 들이닥치기 전부터 형성되었던 아침시장이 오늘날 서호시장으로 모두 편입된 까닭이다.

시장기를 느끼는 여행객이라면 서호시장에서 시락국을 먹어봄 직하다. 시래깃국을 통영에선 시락국이라고 한다. 시장 생선가게에서 장어 손질을 하고 나오는 대가리와 뼈를 가져다 푹 고아낸 육수에 시래기를 넣고 뭉근하게 끓인 시락국은 오랜 세월 이른 새벽에 바삐 움직여야 했던 뱃사람들의 든든한 아침 식사이자, 해장하러 왔다가 해장술 한잔 더 마시는 통영 풍류객들의 자랑이기도 하다. 테이블 몇 개를 길게 붙이고 가운데에 반찬통이 도열해 있는 식당 내부가 독특하다. 손님들은 그 반찬통을 마주보는 형태로 양쪽에 나란히 앉게 된다. 주문은 따로 필요가 없다. 사람 수대

통영 강구안

통영 앞바다에 이순신 장군이 이끈
통제영의 거북선과 판옥선을 재현해놓았다.

로 시락국 한 그릇과 밥 한 공기를 바로 대령하니 말이다.

거북선과 판옥선이 복원되어 있는 **강구안 문화마당** 주변으로는 충무김밥과 꿀빵 점포들이 줄줄이 이어진다. 여기저기 '원조' 간판을 내걸고 있지만 향토 음식 앞에서 원조를 논하는 것이 무슨 의미가 있나. 발 가는 데로 들어가 시락국이 덤으로 나오는 충무김밥을 주문해본다. 망망대해에 떠 있어야 했던 어민들과 여객선에 몸을 싣고 먼 길 오가는 이에게 이 음식은 얼마나 귀한 한 끼였을까. 이제는 재미 삼아 먹는 별미가 되었지만 그때 그 사람들에게는 허기와 함께 헛헛한 마음까지 채웠던 일종의 소울푸드였을지도 모르겠다.

강구안 대로변 뒤 좁다란 골목에는 삼대에 걸쳐 가업을 잇고 있는 돼지국밥집, 통영에서 가장 오래된 여관, 반세기가 넘게 풀무질을 하고 있는 대장간 등 통영의 노포가 이웃한다. 한때는 통영에서 가장 번화했던 길이건만 무색한 세월과 함께 구도심이 됐다. 최근 민관이 힘을 합해 골목재생사업을 진행하면서 미관을 해치던 대형 간판들을 떼어내고 폐나무 등을 재활용하여 만든 미술 간판과 친환경 조명으로 교체했다. 허전한 벽에는 백석 등 통영 출신 문인들의 시를 걸거나 예술 작품을 설치하여 새로운 볼거리를 제공한다.

볼거리로는 **동피랑**도 빼놓을 수 없겠다. 시민단체의 주도로 색색들이 고운 벽화가 마을을 물들인 동피랑은 전국의 숱한 벽화마을 가운데서도 둘째가라면 서러울 명소. 실은 일제강점기에 부두를 건설하거나 시장에서 일하던 노동자들과 피란민들이 모여 형성한 마을로 여느 달동네가 그러하듯 철거의 벼랑으로 몰렸던 때가 있었다. 다행히 벽화마을로 탈바꿈하면서 활기를 되찾았다. 겉모습은 더없이 화사해졌지만 들쭉날쭉한 계단과 좁고 구불구불한 골목으로 이어지는 동피랑은 바람 선선한 날에도 여전히 땀을 삐질삐질 흘리게 한다. 여기저기 거친 숨소리가 의도치 않게 마을에 생기를 더하고 있다.

송골송골 맺힌 땀방울을 닦아내며 돌아서는데 단번에 쑥 내려가기가 아쉬워 동네 할머니가 운영하신다는 '할매 바리스타' 카페에서 미숫가루 한 잔을 시키고 돌아갈 시간을 미룬다. 느긋이 통영항을 바라보며 '내가 그의 이름을 불러주었을 때 그는 나에게로 와서 꽃이 되었다'고 했던 통영의 시인 김춘수의 〈꽃〉을 되뇌어본다. 그러고는 통영, 퇴영, 토영… 오늘 거닌 이 고을을 불러본다. "퇴영이 입에 맞네." 혼잣말을 하는데 마실 나온 동네 할머니 한 분이 "맞다, 여기서는 그리 부른다." 맞장구를 쳐준다. "어데서 왔노?" 묻는 할머니에게 "서울에서 왔어요." 대거리를 하며 한참 수다를 떤다. 그 이름 불러만 봤을 뿐인데 할머니의 반가운 표정과 함께 내 마음 한편에 통영, 퇴영, 토영, 무엇이라 불러도 좋을 꽃이 하나 피어난다.

제주 모슬포

진해 중앙동

진주 에나길

경주 역전

춘천 소양로

가을
깊은 노을만큼
진한 이야기

구 육군 제1훈련소 지휘소

강병대교회

이교동 일제군사시설

모슬포 중앙시장

모슬포항

알뜨르 비행장

섯알오름 학살터

일제 고사포 진지

송악산 해안
일제 동굴진지

———————————— 제주 모슬포 주변 ————————————

아릿한 시간이
아름다운 풍경 속에 일렁일렁

제주는 분명 아름다운 섬이다. 그러나 제주를 걷다 보면 알게 된다. 단순히 아름답기만 한 섬이 아니란 것을. 돌과 바람, 신들의 나라 제주에는 얼마간 서늘함이 깃들어 있다. 제주 섬 끄트머리 마라도행 여객선이 드나드는 모슬포 언저리에는 더더욱. 쾌청한 바다와 아스라한 청보리 물결 너머로 선혈 머금은 아릿한 시간이 일렁이고 있다.

모슬포항이 있는 대정은 제주 남단의 몇몇 섬을 제외하고 가장 남쪽 땅이다. 나라의 가장자리다 보니 예부터 군사 기지가 들어서 안팎을 예의주시했는데, 1940년대 초중반 태평양전쟁에 열을 올리던 일본도 이곳을 요새화했다. 철도 부설과 보통역이 영업을 개시하면서 급속도로 근대화를 이루어나갔던 육지의 근대 도시들과는 사뭇 다르지만 지역 주민들을 강제 동원하여 일을 추진했던 것은 크게 다르지 않다.

1931년부터 비행장, 격납고, 통신시설 그리고 지하벙커까지 지역 주민들의 손을 빌린 군사시설이 구축됐다. 대정읍 모슬포항에서 가까운 상모리 일대에 태평양전쟁과 관련한 등록문화재가 십여 곳에 달하는 이유다. 이 아름다운 제주 땅에 '다크 투어리즘 Dark Tourism'이라 이름 붙은 여행길이 펼쳐진다. 다크 투어리즘은 전쟁, 학살과 같이 역사적으로 비극적인 사건이 일어났던 현장이나 재난과 재해가 일어났던 곳을 찾아가 반성과 교훈을 얻는 여행을 가리키는 말이다.

간세 리본이 반갑게 꼬리 흔드는 올레길이 되었지만

렌터카 타고 가던 한 무리가 차를 멈춰 세우고, 지나가던 나도 멈춰 세운다. 여기 풍경이 좋으니 기념사진 한 장 찍어달라 한다. 유채꽃 흐드러진 밭뙈기 너머 모슬봉 꼭대기에 공군 기지가 선명하게 보이고, 그 아래로 해병대가 터를 다지고 있는 제주 대정읍 상모리 어귀에서의 일이다. 군사시설이 눈에 들어오지 않을 만큼 유채꽃의 손짓에 마음을 빼앗겼나 보다. 무리를 떠나보내고 이번엔 내가 마을 어르신을 붙잡는다. 알뜨르 비행장 가는 길을 물었다. 방향을 가리키며 이 근처에도 일제의 것이 하나 있다고 일러준다.

애초에는 일본군이 통신시설로 구축했을 거라 추정되는 **제주 이교동 일제군사시설**이다. 아치형 터널 형태로 해방 후에는 육군 제1훈련소가 탄약고로 사용했다는 표지판이 앞을 지키고 있다. 의외의 정보다 싶어 찾아갔지만 마냥 방치된 모양새에 더럭 겁이 나 서둘러 발길을 돌렸다.

이교동 군사시설에서 송악산 방면으로 발길을 돌리면 바다로 이어지는 벌판에 무밭, 양배추밭, 청보리밭이 드넓게 펼쳐진다. 그 가운데 **알뜨르 비행장**이 있다. 지금의 제주국제공항 자리에 구축했던 정뜨르 비행장과 함께 일제가 태평양전쟁의 전초기지로 건설한 비행장이다. 이름이 참 재밌다. 둘 다 벌판, 들판, 뜰이라는 의미를 내포하고 있다. 조금 더 구체적으로 정뜨르는 '너른 벌판', 알뜨르는 '마을 아래에 있는 벌판'이라 한다. 제주 방언이라는 이야기도 있고, 고대 국어에서 그 어원을 찾을 수 있다는 주장도 있는데, 확실한 건 오래전부터 제주 사람들이 '참 너른 벌판이네' 하고 이름 붙였다는 점이다.

비행장 활주로는 오간 데 없지만 콘크리트로 만든 전투기 격납고 19기가 원형 그대로 남아 있다. 풀로 뒤덮여 뒤에서 보면 움집인가 싶은데 앞에서 보면 확실히 기이한 모양새다. 혹자는 입을 쩍 벌린 아귀를 닮았다고 표현할 만큼 주변 풍광에 썩 어우러지는 모습은 아니다. 더욱이 일본 특공대의 자살 공격인 가미카제 훈련을 이곳에서 했다 하니 착잡한 맘이 들기도 한다.

알뜨르 비행장 격납고

무, 청보리 등 농산물을 수확하기 바쁜 일손 뒤로
일제가 지은 알뜨르 비행장의 격납고가 요지부동 자리를 지키고 있다.

듬성듬성한 격납고군 가까이에 오름 하나가 봉긋하게 솟아 있다. **섯알오름**이다. 높이가 약 21m로 제주의 대표적 오름 명소인 성산일출봉(182m)이나 정월대보름에 들불축제가 열리는 새별오름(119m) 등에 비하면 자그마하다.

제주 방언으로 산을 오름이라고 한다지만 제주의 오름은 일반적인 산은 아니다. 대부분 화산 활동에 의해 형성된 소형 화산체다. 이들 오름은 제주 사람들이 자연재해를 피해 마을을 이루거나 밭을 일구기도 한 삶의 터전인 동시에, 설화 속 신들이 머무는 곳으로 신당을 마련해 제를 지내기도 하고 묘를 쓰기도 한 신성의 영역이다. 그런 제주의 오름은 일제 때부터 미군정기에 이르는 불과 몇십 년 사이에 제주의 긴긴 역사에서 가장 비극적인 시간을 목도한 말 없는 증인이 되고 말았다. 섯알오름도 그 시간을 비켜가지 못했다.

섯알오름 초입에 접어들자마자 제주 4·3 유적지를 맞닥뜨린다. 이전에 일제가 폭탄 창고로 파 놓았던 자린데 제주 4·3의 소용돌이가 잦아들던 무렵 한국전쟁이 발발하자 내무부 치안국에서 각 경찰국에 불순분자들을 잡아 처리하도록 지시하였고, 그에 따라 군경이 자의적으로 판단해 붙잡은 양민 252명이 이곳에서 집단 학살된 후 암매장까지 당하고 만다. 학살 후 시신 수습조차 못하게 해 군사정권 내내 참혹한 역사는 은폐되어왔다. 커다란 구덩이 두 개만 덩그러니 남은 학살 터에서 잠시 고개를 숙인다.

하루에 백 년을 걷다

여기서 제주 4·3을 한번 되짚자면, 1947년 3월 1일에 3·1절 기념행사가 진행되던 관덕정 일대에서 구경에 나섰던 어린아이가 경찰의 말발굽에 치이는 사건이 발생했다. 이에 사람들이 항의하자 전후 관계가 파악되지 않은 상황에서 경찰이 총을 발포하여 사상자가 생겼다. 그날의 사건이 계기가 되어 제주도민들은 해방 이후 미군정기 전반에 쌓였던 부조리들에 대항하기 시작했고, 1948년 4월 3일 소요사태가 발생하게 된다. 군중의 폭발이었다.

법정 추념일로 지정되었지만 공산주의 정당이었던 남로당이 주도했다 하여 지금까지도 정치적 진영 논리에 따라 제주 4·3에 대한 평가는 분분하다. 그럼에도 이견이 있을 수 없는 부분은 3만여 명에 이르는 사람이 희생됐다는 점이다. 제주 4·3 평화재단에서 발표한 피해 실태에 따르면 이는 제주도민 열 명 중 하나가 목숨을 잃은 수치라 한다.

학살 터에서 아무것도 모른다는 듯, 인사해주어 고맙다는 듯, 반갑게 꼬리를 흔드는 간세 리본을 따라 정상에 오르면 일제가 설치한 **고사포 진지**가 있다. 알뜨르 비행장을 보호하기 위한 군사시설로 제주를 최후의 저항 기지로 삼고자 했던 의도가 고스란히 드러나는 장소다. 한편 섯알오름은 올레길 따라 송악산으로 이어지는데 숨이 탁 트이는 송악산 해안 절벽을 따라 구멍이 숭숭 뚫린 모습이 예사롭지 않다. 태평양전쟁을 치르며 수세에 몰린 일제가 소형 선박을 이용한 자살 폭파 공격을 위해 항복 직전까지 구축했

제주 송악산 해안 일제 동굴진지

일제가 자폭용 어뢰정을 숨기기 위해 만든 인공동굴이다.
멀찍이서 보면 평온한 것 같은데 가까이 들여다보면
아릿한 역사가 똬리를 틀고 있는 곳이 많은 제주다. 국가등록문화재 제313호.

다는 **송악산 해안 일제 동굴진지**다. 천연 해식동굴을 포함하여 총 17개의 동굴을 기지로 이용했다. 일제는 송악산 분화구를 둘러싼 외륜外輪에도 약 1km에 달하는 동굴 진지를 냈다. 깊숙이 들어가 볼 수는 없지만 이 동굴 또한 알뜨르 비행장 일대를 경비하기 위한 시설인데 동굴 좌우로 군데군데 사람 한 명이 겨우 드나들 만큼 좁은 출입구를 냈고, 전체적으로 지네 형태를 띠고 있다고 한다.

무엇을 위하여 그토록 치열해야 했던가

해방 후 더 이상 쓸모가 없을 것만 같았던 일제의 군사시설은 한국전쟁이 발발하면서 새 주인을 맞게 된다. 1950년 7월 대구에서 창설되어 몇 차례 개창, 예속 변경된 육군 제1훈련소가 1951년 1월 모슬포에 자리를 잡았다. 강병을 육성하는 터전이라는 뜻으로 강병대라 부른 이곳에서 1956년 해체될 때까지 전방에 배치할 약 50만 명의 신병을 교육했다고 한다. 이후 주인은 육군에서 해병으로 바뀌어 귀신 잡는 해병의 기틀이 마련되었다. 지금은 제91해병대대 지휘 하에 예비군 훈련소로 활용되고 있는데, 내부에 당시 **육군 제1훈련소 지휘소** 건물이 남아 있다.

부대 안쪽에서는 옛 해병의 흔적도 확인할 수 있다. 제주 출신

제주 구 육군 제1훈련소 지휘소

일제강점기 일본군이 사용했고, 해방 후에는 제주도에 창설된
육군 제1훈련소의 지휘부로 사용됐다. 태풍 등의 영향으로
지붕은 새로 올렸다. 국가등록문화재 제409호.

의 청년과 학생들로 구성되어 1950년 9월 인천상륙작전에 투입, 혁혁한 공을 세웠던 해병대 3기와 4기생들이 생활한 막사 1개동과 세면장 시설이 남아 있다. 오랜 세월 제주의 거센 바람 탓에 육군 제1훈련소 지휘소나 해병 훈련시설이나 여기저기 손을 본 데가 많고 병영 체험 공간으로 활용하면서 내부 공간은 새로이 단장했지만 기본적인 뼈대는 그대로다. 본래 막사만 50여 개 동이 있었다고 하니 얼마나 큰 규모의 훈련소였을지 짐작해볼 수 있다. 이곳에 향수가 있는 참전 용사들은 물론, 한국전쟁의 상징적 장소를 찾아 방문하는 이들이 꽤 된다. 군사지역이지만 방문증을 발급받으면 담당 군관의 안내에 따라 내부를 둘러볼 수 있다.

부대에서 나와 마을 안쪽으로 향하면 제주도 현무암으로 쌓아 독특한 분위기를 풍기는 교회 하나가 시선을 사로잡는다. 육군 제1훈련소가 설치되면서 훈련 장병들의 정신력 강화를 위해 1952년 훈련소장인 장도영 장군의 지시로 건립된 남제주 **강병대교회**다. 묵직한 현무암 위에 파란색 함석지붕을 씌운 것이 영 어색하다. 제대로 된 기술자의 손을 빌리지 못하고 군부대 장병들이 직접 지을 수밖에 없었던 당시 상황이 그려진다. 전쟁터로 떠나야 했던 어린 장병들에게 이곳 교회는 비단 종교시설에 그치지 않았을 테다. 그들의 기도는 절대자가 아닌 자신을 향한 다짐이자 바람이고 약속이었을 것이다. 전쟁은 끝이 났지만 장병들의 기도는 계속된다. 현재 공군 제8546부대 및 지역 해병부대 기독 장교들의 예배

강병대교회

장병들은 이곳에서 무엇을 기도했을까. 그 무엇보다 평화가 아니었을까.
국가등록문화재 제38호.

장소로 교회는 여전히 제 기능을 하고 있다.

    강병대교회 앞으로 이어지는 마을 돌담길을 지나며 숱한 청년들이 보내야 했던 그 치열한 시간들을 곱씹어본다. 제주 조랑말이 풀꽃을 뜯는 풍경과 극단적으로 엇갈리는 비극의 역사가 그렇게 똬리를 틀고 있으니 뜨거운 볕에도 간간이 서늘한 기운을 느끼고 몸을 움츠릴 수밖에…. 오늘 우리가 만끽하는 제주의 아름다움은 고난의 시간들을 오롯이 이겨낸 끝에 마주하게 된 평화의 선물일지도 모르겠다는 생각이 스친다.

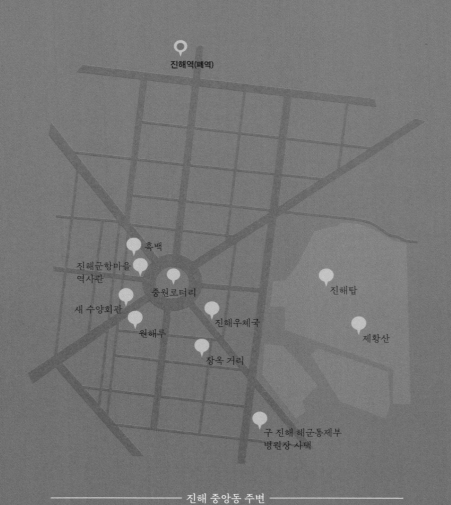

진해역(폐역)

흑백

진해군항마을
역사관

중원로터리

새 수양회관

원해루

진해우체국

장옥 거리

진해탑

제황산

구 진해 해군통제부
병원장 사택

진해 중앙동 주변

꽃비에 감춰졌던
진해의 민낯

분홍빛 탐스런 벚꽃나무가 꽃비 나리는 봄날이면 한걸음 앞으로
발을 내딛기 힘들 만큼 인산인해를 이룬다지만 마른 이파리들이
길가를 어지럽히기 시작한 가을날의 진해는 참으로 차분했다. 그
래서일까. 진해 원도심 중앙동 일대를 거닐며 벚꽃만이 떠오르던
그곳에서 의외의 표정을 발견하게 되었으니, 지난 백여 년의 시간
을 머금고 있는 근대의 풍경이었다.

　조선시대까지 '웅천'이라는 이름을 썼던 경상남도 남해안의 이
고을에 1910년 해군기지와 더불어 군항도시를 건설하려 했던 일
제는 자신들의 구미에 맞는 새 이름을 붙였다. 제압할 진鎭, 바다
해海 자를 써서 바다를 제압하는 기지 '진해'였다. 그때부터 높다
란 산봉우리가 고을을 감싸고 남쪽으로 바다가 흐르는 배산임수
의 따사로운 고을은 본의 아니게 용감무쌍한 도시로 탈바꿈해야

만 했다. 그리고 웅천현 서쪽의 넓고 기름진 벌판이었던 중평 한들, 지금의 진해 중앙동 일대는 도시의 새로운 중심이 되었다.

여덟 갈래 로터리를 에워싼 굴레

중원로터리에 섰다. 본래 벌판 한가운데 아름드리 팽나무가 있던 자리다. 중평 한들의 농사꾼들은 그 팽나무 그늘에서 숨을 고르고 땀을 식히곤 했다는데 일제가 '진해군항 대시가계획도'를 설계한 1912년 이후로는 더 이상 가까이할 수 없었다. 일제는 팽나무를 가운데 두고 사방에 여덟 갈래의 길을 냈다. 위에서 내려다보면 흡사 일제의 욱일기가 떠오르는 모양새의 원형 교차로가 된 것이다. 수령이 얼마나 되었는지 가늠하기 힘들 만큼 노거목이었던 팽나무는 머지않아 고사했다는데, 저 홀로 고립되어 외로움을 이겨내지 못했던 거라 말하면 너무 지나친 감상일까. 이전에 살 비비던 조선인들이 모두 쫓겨나고 읍내는 일본인들이 차지했다니 꼭 틀린 말도 아닐 듯하다. 이후 느티나무도 심어보고 분수대와 시계탑도 놓아보았지만 그 옛날의 팽나무를 대신할 수 없었던 것만은 분명하다. 지금은 둥그런 잔디 광장으로 남았다. 팽나무 시절처럼 사람들의 발길이 닿을 수 있는 광장 형태로 조성된 것이 위로라면 위로랄까.

아무것도 없는 로터리지만 아늑한 분위기가 좋아 자박자박 걸어보는데 로터리의 한 갈래 끝에 우뚝 솟은 제황산 꼭대기로 새하얀 탑이 눈에 띈다. 모노레일을 타고 오른 해발 90m 제황산 공원에서 기다리고 있는 것은 **진해탑**이다. 진해탑 이전에 이 자리를 차지하고 있던 것은 1929년에 세운 전승기념탑이다. 1927년 러일전쟁에서 승리한 일제는 우리나라를 독점하게 된 것은 물론이고 국제사회에서 강대국으로 급부상하며 승리의 기쁨에 도취되었다. 이를 기념하여 명당자리로 여겨지던 제황산 머리를 깎아 전승기념탑을 세우고 준공식 때에는 만국기 아래에서 스모 경기를 펼쳤다고 한다. 1945년 해방과 함께 전승기념탑이 철거되고, 1967년 우리 해군의 위용을 상징하는 지금의 진해탑이 등장하게 됐다. 해군 군함 마스트를 본떠 만들었다.

전망대에 서서 중원로터리를 중심으로 한 방사형 원도심과 진해 앞바다를 한눈에 담아본다. 이 양지바른 땅도 질곡의 역사는 피하지 못했구나. 아무 일 없었던 듯 평화로운 오늘의 일상이 새삼스레 고마운 지금이다.

그들이 살았던 세상 그 후에 남겨진 것들

중원로터리에서 뻗어나가는 여덟 갈래의 길 사이사이로 백여 년

장옥 거리

진해의 관청가이기도 했던 장옥 거리는
한때 행인과 어깨 스치는 일이 다반사였을 만큼 번화했다는데
흐르는 시간 앞에서 이제는 한산한 풍경으로 옷을 갈아입었다.

전의 모습 그대로를 간직한 건축물들이 자리를 지키고 있다. 1912년에 준공된 러시아풍의 **진해우체국**이 대표적이다. 갑자기 웬 러시아풍인가 싶은데 당시 진해에 러시아 공사관이 있어 영향을 받았다 한다. 러시아 공사관은 진해와 가까운 마산항이 개항한 1899년을 전후로 진해에 진출하게 된다. 고종이 서울 정동의 러시아 공사관으로 몸을 피신했던 아관파천이 1896년의 일이니 당시 정황을 보면 러시아와 우리나라 사이의 교류는 그리 생뚱맞은 일은 아니었던 것 같다.

진해우체국은 정면 입구에 배흘림이 있는 원기둥을 세워 다부진 인상인데 건물 자체는 마루틀 위에 널마루를 깐 목조 건축물이다. 현재는 널마루가 노후되어 걷어내고 시멘트 모르타르로 마감한 것으로 알려져 있다. 건물 벽면을 둘러싸고 길쭉하게 낸 창문은 물론이고 지붕 아래 반원형의 채광창까지 창이 꽤 많다. 방문 당시에는 문이 잠겨 있어 들어가 볼 수 없었지만 얼마나 볕이 잘 들었을지는 충분히 짐작할 수 있었다. 1981년 사적 제291호로 지정되어 1984~1985년 복원 공사가 진행됐다. 이후 우정 업무는 옛 우체국 뒤편에 별도로 마련한 청사에서 실행하고 있다.

우체국을 따라 남원로터리로 방향을 잡아 걷다 보면 일제강점기에 지은 장옥이 줄을 짓고 있다. 일본어로 '나가야'라 하는 장옥은 일종의 연립주택이다. 여러 채의 집이 담이 아니라 벽을 사이에 두고 길 따라 길게 이어진 구조다. 이 장옥 거리에 있는 장옥은

창원 진해우체국

러시아풍 건축이 어떤 형식을 띄는지 정확히 알 수 없지만
러시아 건축에 영향을 받았다는 일제강점기의 용산역 사진과 비교해보면
어렴풋이 감을 잡을 수는 있다. 사적 제291호.

이중섭의 화구

흑백의 유태렬은 젊은 날 유강렬, 한묵, 이중섭 등과 함께 금강산으로
스케치 여행을 떠난 적이 있다. 그 무렵 이중섭이 유태렬에게 선물한 화구가
흑백의 한자리를 지키고 있다.

모두 2층 건물로 1층은 상점, 2층은 주택으로 사용한 일제강점기 판 주상복합과도 같다. 고층의 브랜드 아파트를 마주보고 참 결이 다른 풍경이다. 장옥 거리 뒤로 1930년대에 지은 것으로 추정되는 일본식 건물 또한 인상적이다. 곰탕집 간판을 달고 있는데 본래는 **진해 해군통제부 병원장 사택**이었다. 말 그대로 병원장 관사로 사용된 단층 주택이다. 주인도 바뀌고 시절도 달라졌지만 나무 복도로 이어진 내부와 널찍한 정원까지 집은 옛 모습을 상당 부분 유지하고 있다.

중원로터리를 사이에 두고 우체국 맞은편 갈림길에는 **진해군항마을 역사관**이 진해 중앙동 원도심의 곡절 많은 날들을 소상히 들려준다. 후덕한 관장님으로부터 갈림길 구석구석에 자리한 옛 흔적을 족집게 과외를 받듯이 들을 수 있었으니 내친김에 발품을 더 팔아보기로 했다.

흑백 앞에 섰다. 설마 했는데 창밖으로 흘러나오는 피아노 선율은 라이브 연주였다. 인기척을 느낀 연주자가 손가락을 멈추고 손님맞이를 했다. 건물 자체는 진해우체국과 같은 시기에 지어진 근대 건축물이지만 1952년에 문을 연 고전 음악다방 '칼멘'을 유택렬 화백이 인수하여 1955년부터 줄곧 지역의 문화사랑방으로 맥을 이어온 것이 흑백이다. 다방은 폐업 신고를 하여 법대로라면 간판을 내걸 수 없지만 흑백의 퇴장은 영 서운한 것이었나 보다. 여러 시민단체의 노력으로 영업은 하지 않지만 다행히 흑백의 간판을 내걸 수 있게 되었다고 했다. 2014년 첫 방문 당시 유택렬 화백의 둘째 딸이자 피아니스트인 유경아 씨가 시민문화공간으로 꾸려나가고 있었는데, 첫 만남이지만 멀리서 온 손님이라 더 반갑다고 모카커피를 내어주며 지난 흑백의 이야기를 자분자분 들려주었다. 그 따뜻한 인심은 기쁜 소식을 전해주는 까치를 모티브로 했다는 흑백의 이름과 묘하게 겹쳐보였다.

그날 이후 간간이 흑백의 소식을 전해주던 유경아 선생이 2020년 1월 지병으로 별세했다는 소식을 들었다. 소식이 뜸해진 사이 흑백은 창원시 근대 건조물로 지정되었고, 이후 정비공사가 진행되면서 본래 다방 공간이었던 1층은 문화공간으로, 2층은 유택렬 미술관으로, 3층은 수장고로 구분해 말끔하게 단장되었다. 그것이 2019년 1월의 일이니 불과 1년 사이 많은 곡절이 있었겠구나 짐작할 따름이다. 근래 다시 흑백을 찾았을 때는 문 앞에 유택렬 화백의 첫째 딸 유승아 씨가 쓴 편지가 붙어 있었다. 그것은 약속이었다. 당분간 운영을 중단하지만 곧 새로운 관리운영 방안을 모색해 재정비하겠다고. 문 닫힌 흑백 앞을 한창 서성이며 좋아하는 공간이라 말하면서도 이런저런 핑계로 무심했던 시간을 돌이켜보게 됐다. 지나간 시간은 붙잡을 수가 없다. 다만 다시 흑백 문이 열리면 그때는 망설임 없이 달려와 시간을 나누어야지 약속을 한다.

아픈 날도 있고 좋은 날도 있고, 그 덕에 할 이야기가 넘치고

그리 너르지 않은 동네지만 골목골목 기웃거렸더니 시장이 반찬이 되려 했다. 제법 오랫동안 문을 열어두었음직한 중국 요릿집 **원해루**에 들어갔다. 아니나 다를까 한국전쟁 당시 유엔군 포로가 된 중공군 출신의 화교가 1956년에 개업한 곳이라 했다. 이승만 전 대통령과 타이완의 장제스 총통이 회담 후에 식사를 했던 곳으로, 또 임권택 감독의 〈장군의 아들 2〉 촬영지로 유명세를 타기도 했다. 개업할 때 영해루라 내건 상호가 원해루로 바뀌었고 주인도 아버지에서 아들로 바뀌었지만 이곳을 오래 드나든 이웃들은 옛 정취와 손맛은 달라지지 않았다고 입을 모은다. 면 위에 계란프라이와 채 썬 오이가 얹어 나온 간짜장 한 그릇은 짠맛 없이 구수했다. 진해에서 군 생활을 한 해군 생도들에게는 특히나 향수를 불러일으키는 곳이라 했다. 배도 부르고 추억도 풍성하다.

　원해루 맞은편 **새 수양회관** 건물이 이고 있는 누각 또한 범상치 않은데, 이곳은 1920년대 일제강점기 시절 요정으로 운영되었고 현재는 식당으로 사용되고 있다. 군항이었던 만큼 젊은 남성들이 많았고, 그 영향으로 요정과 기생집이 더러 있었는데 그중 하나였다고. 당시 뾰족집이라고도 하고 팔각정이라고도 했다는데 실제 누각은 육각이다. 옛 사진을 보면 뾰족집 앞으로 여좌천 지류가 흐르고, 천변으로는 벚꽃이 흐드러지고, 개천 위 다리에는 기모노

원해루

1956년에 개업한 노포 중국집이다. 오래 자리를 지키고 있는 만큼
옛 정취 물씬한 분위기 속에서 든든한 한 끼를 맛볼 수 있다.

로 보이는 옷을 입은 두 여인이 한가로운 한때를 보내고 있다. 주변에 이보다 높은 건물은 보이지 않는다. 조금 더 상상의 나래를 펼쳐보면 누각에서 거리를 내다보는 어여쁜 여인네와 하염없이 혹은 힐끔힐끔 그 누각에 시선을 빼앗겼을 남정네들의 모습이 이곳의 일상 풍경이 아니었을까 싶다.

1926년 마산과 진해를 연결하는 진해선 개통과 함께 문을 연 **진해역**에서 발걸음을 멈춘다. 일제강점기의 곡절을 지나 1961년에 해병대 전용선이, 1966년에는 진해화학 전용선이 개통되면서 한때는 어마어마한 물량의 객차와 화물열차가 오갔지만 지금은 간이역에 불과하다. 그럼에도 여느 KTX 정차역 못지않게 많은 선로가 그 자리 그대로 남아 있으니 옛 영광의 빈자리가 더 크게 다가온다. 떠날 사람, 떠나야만 할 사람 모두 사라지고 남은 자리, 그리고 남겨진 것들. 덧없이 흐르는 것이 세월이라지만 그 속에 아픈 날도 좋은 날도 있었으니 이렇게 곱씹을 이야기가 많나 보다.

옥봉성당

천황식당

진주중앙유등시장

배영초등학교
구 본관

인사동 골동품 거리

진주시외버스터미널

남강

촉석루

진주성

국립진주박물관

진주역
차량 정비고

진주고속버스터미널

주약 철도건널목

————————— 진주 에나길 주변 —————————

붙잡을 수 없는 시간,
향수는 제자리에

진주 사람들이 들으면 웃을 일이지만 '에나 진주길'이라는 표지판을 보고는 오탈자가 아닐까 고개를 갸웃거렸다. 타지 사람으로서는 '에나'라는 표현이 상당히 생경하게 느껴지는데, 에나는 진주 지역 사투리로 '참' '진짜'라는 의미다. 해석하자면 '참 좋은 진주 길'쯤 되겠다. 폐선이 된 철길과 유등이 노니는 남강을 넘나들며 골목골목으로 이어지는 에나 진주길이 에나로 좋은지 그 참맛을 곱씹어 보는데….

진주에는 임진왜란 당시 김시민 장군이 3,800여 명의 병력으로 2만여 왜적을 맞아 격전을 벌인 옛 진주성의 모습이 고스란하다. 김시민 장군이 적군이 쏜 탄환에 부상을 입고 끝내 전사한 이후 진주성이 일본군에 함락될 때에 촉석루 아래 가파른 바위로 왜장을 유인하여 그를 끌어안고 남강 물살에 몸을 던졌던 의기 논개의 고장으로도 익히 알려져 있다. 한편 오늘날 진주는 매년 가을 녘 남강의 달밤을 수놓는 유등축제를 개최해 사람들을 불러 모으고 있다. 되새김의 역사는 그것대로 멋스럽고, 유유히 흐르는 남강 물결처럼 붙잡을 수 없는 시간들은 또 그것대로 진주의 새로운 풍경을 만들어내고 있다. 그 가운데 빛바랜 근대의 흔적도 잔잔하다.

경상남도의 근대화는 개항지였던 부산에서 차츰 내륙으로 밀려 올라온 모양새다. 경상도가 경상남도와 경상북도로 나뉜 것은 1896년 8월의 일이다. 진주는 경상남도의 도청 소재지로 1925년 경남도청이 부산으로 이전하기 전까지 둘째가라면 서러워할 경상남도의 대표 고장이었다. 도청을 이전한다는 말에 지역 주민들의 엄청난 반대 운동이 있었지만 끝내 그 뜻을 이루진 못했단다.

기차가 멈추어선 그 길 위로 자전거가 달린다

경상도와 전라도 사이를 이어준다 하여 두 도의 앞머리 글자를 딴 경전선의 역사는 1905년 삼랑진과 마산을 연결하는 마산선 개통을 시작으로 오늘에 이른다. 상당 구간이 폐선되었다고 하지만 여전히 경상남도 밀양 삼랑진과 광주 송정 사이를 오가는 경전선은 우리나라의 남도를 가로지르는 횡단철로다. 1925년 도청은 부산으로 이전했지만 같은 해 마산과 진주를 연결하는 경남선 상에 삼 랑진역과 진주 사이를 잇는 진주선이 연결된다. 이후 경남지역은 물론이고 호남의 곡창에서 수탈한 쌀이 열차에 실려 마산, 부산을 거쳐 일본에 전달된 것은 불 보듯 뻔한 일이다. 한편으로는 이를 계기로 충절의 고향 진주에도 이전과는 분명 다른 '물'이 흘러들 었다.

현재의 진주역은 경전선 복선화를 진행하고 KTX 운행이 시작 되면서 도심 외곽의 새 역사로 이전했다. 1920년대 중반에 문을 연 옛 역사는 도심 가운데 외로운 섬이 되었다. 멀리서 보이는 외 관은 예전 모습 그대로인 듯 보였는데 가까이 다가가니 식당 간판 이 어지럽게 붙어 있다. 역사 너머 승강장에는 선로가 뚝 끊어진 자리에 속도절제 경계선이 선명하다. 그 뒤로 1925년 즈음 역과 함께 설치되었다는 **진주역 차량 정비고**가 있다.

기차 두 대가 나란히 들어갈 수 있는 차량 정비고는 여닫는 문 없이 건물 전면과 후면에 아치형 출입구를 냈다. 붉은 벽돌을 쌓 아 올리고 천장에 솟을지붕까지 달아 독특하면서도, 기차를 정비 하는 곳으로만 쓰였다고는 믿기 어려울 만큼 상당히 멋스럽다. 그 러나 이제 기름칠해야 할 기차 한 량 없는 정비고 벽면에 한국전 쟁 때 스친 총탄 흔적이 군데군데 있으니 상처만이 남은 셈이다.

좁다란 골목 양가로 어깨를 다닥다닥 붙이고 있는 역전 여관 거리는 여전한데 진주역 가까이에 위치한 주약 철도건널목에서

진주역 차량 정비고
총탄의 흔적이 뚜렷한 진주역 차량 정비고의 원래 명칭은
'진주역 기관구'였다. 기관구는 기관차의 운영, 정비, 보관 등
전반적인 관리 업무를 담당하는 기관을 가리키는 말이다.
국가등록문화재 제202호.

시작되는 철길은 자전거도로로 바뀌었다. 옛 경전선 구간에 들어선 자전거도로는 터널을 통과해 경상대학교까지 이어진다. 자전거도로 가운데 즈음에 위치한 터널은 **진치령터널**이다. 1950년 8월 3일, 한국전쟁이 발발하고 채 두 달이 되지 않았을 때다. 미군은 해방 이후 빨치산을 토벌한다는 이유로 진치령터널을 폭격했다. 당시 빨치산은 경남 함양을 근거지로 삼고 인근의 산청, 진주, 함안, 사천 등지에서도 활동하고 있었다. 그러나 그날 진치령터널은 빨치산이 아닌 피란민들로 가득했다. 100여 명 이상의 피란민들이 목숨을 잃거나 크게 다친 것으로 알려져 있다. 한국전쟁 전후로 자행된 민간인 학살 사건 상당수가 그러하듯 진치령터널의 비극도 그 진상이 규명되지 않은 채 생존자 혹은 유가족들의 증언만으로 그날의 아비규환을 기록하고 있는 실정이다.*

　폐선 이후 우범지역이 될지도 모른다는 우려와 유독 터널이 많았다는 경전선 구간의 특색을 고루 감안해 진치령터널을 자전거도로로 만든 것은 반가운 일이다. 하지만 그와 같은 노력으로 진치령터널에서 자행됐던 민간인 학살에 대한 진상 규명도 이루어졌으면 하는 바람이 있다. 사회적으로 큰 이슈가 되지 않더라도 '지난 일이다' 하고 묻혀서는 안 될 일이지 않은가.

* 경상남도사편찬위원회, 「경상남도사」 제5권, 195p, 경상남도, 2020.

진치령터널
핏기 가신 진치령터널을 시원하게 내달리는 자전거 행렬.

고즈넉한 풍경과 소박한 삶이 교차하는 길에서

근대기의 진주성은 고난의 연속이었다. 1930년대 조선총독부 토지국은 진주성의 성벽을 허물고 진주성 외곽에 있던 연못 대사지를 메워 시가지를 정비했다. 대사지는 임진왜란 당시 해자의 역할을 하던 곳이다. 해자란 적의 침입을 막기 위해 성 밖을 둘러 판 못을 가리킨다. 침입자에게는 도시개발에 방해가 될 뿐 별다른 의미를 찾을 수 없었나 보다.

둘레 1,760m로 축조된 석성 진주성 내에 자리한 **촉석루**는 남강변 벼랑 위에 지은 누각이다. 유사시 진주성을 지키는 지휘 본부로 사용됐고, 평상시에는 과거를 치르는 시험장으로 쓰였다. 장원루라는 별칭이 과거 시험장으로서의 기능을 짐작케 한다. 남강과 성벽 등 주변 경관과 어우러져 산수화의 한 장면을 연상케 할 만큼 아름다운 곳이다. 1948년에 국보 제276호로 지정되었다가 한국전쟁 때 불에 타버린 것을 1960년 5월 진주고적보존회가 시민의 성금으로 복원했다. 이후 국보 지정은 해제되고 2020년에 이르러 경상남도 유형문화재 제666호로 지정됐다.

진주성을 함락시킨 왜군들이 촉석루에서 자축연을 벌이던 모습을 지켜보던 논개의 마음은 어땠을까? 왜장 게야무라 로쿠스케毛谷村六助를 유인하여 함께 투신하던 순간의 심정은 어땠을까? 촉석루에 앉아 이런저런 생각을 해본다. 당시 연회에 초대받은 논개가 이곳에서 마지막 거문고를 탔겠지. 촉석루에 앉아 그 비애를 바람결에 더듬어본다.

남강변에 위치한 진주성을 나서면 성곽 중간에 누각의 형태로 중수된 군사시설인 북장대가 보이고, 그 아래로 골동품 거리가 이어진다. **인사동 골동품 거리**다. 이 지역에 골동품과 관련된 특별한 역사가 있는 것은 아니다. 1970년대 후반 골동품 가게인 봉선당, 진보당 등이 영업을 시작하면서 하나둘 골동품 가게들이 이전해 와 자연스레 골동품 거리가 형성되었다고 알려져 있다. 이름에서 짐작할 수 있듯 서울의 인사동 거리와 분위기가 닮았다. 20여 개 골동품점이 밀집해 있는데 서울 인사동과 비교하면 규모가 상당히 작지만 볼거리는 충분하다. 이 골동품 거리 초입부터 진주 중심가 방향으로 '에나 진주길' 표지판이 부쩍 자주 눈에 띈다. 걷기 좋은 진주의 속살로 들어왔다는 뜻이다.

진주에 살았던 일본인 학생들을 위해 1908년 개교한 진주공립 심상소학교가 훗날 배영초등학교가 되는데, 1938년에 지은 **배영초등학교 구 본관**으로 에나 진주길이 이어진다. 중앙 현관을 기점으로 좌우 대칭을 이루고 있는 건물은 정면 폭이 보통의 건축물보다 도드라지게 긴 것이 인상적이다. 우리 전통의 건축 양식이 돋보이는 진주성에서 가까운 곳이라 이 건물이 들어선 그때 그 시절에는 더욱이 낯설었을 풍경이 그려진다.

진주 남강변의 진주성
양쪽으로 진주 성곽이 이어지는 촉석루 야경이 남강 위로 아른거린다.

진주 인사동 골동품 거리

현대적이고 세련되었다고 하는 것들도 좋지만
투박하고 낡은 것에 마음이 갈 때가 있다.
그런 손때 묻은 것들을 구경하기 좋은 골동품 가게들이 거리에 오밀조밀 모여 있다.

꼭꼭 씹어 속을 든든히 하는 에나 진주길

요즘의 도청에 비견되는 목과 관찰부가 소재했던 진주는 관리들은 물론 상당수의 토호와 유림이 영향력을 행사하던 곳이라 외래 문화가 자리 잡기 녹록치 않은 지역이었다고 한다. 종교도 마찬가지였다. 가톨릭은 숱한 방해 속에서 청년운동과 연극 등의 문화 활동을 통해 진주에 입성할 수 있었는데 그 중심에 **옥봉성당**이 있다. 밖에서 보면 2층으로 보일 만큼 지붕 높은 건물인데 정작 성당 안으로 들어가면 천장이 나지막하게 깔려 기도하는 공간 특유의 고요함이 느껴진다. 옥봉성당은 옥봉공소로 시작해 1923년 옥봉 천주당을, 1933년에 지금의 붉은 벽돌 성당을 건립하여 진주 가톨릭의 역사를 이어가고 있다.

조선시대에는 5일에 한 번 열리는 장이었다가 일제강점기부터 매일 서는 상설시장으로 거듭난 진주중앙유등시장은 골목골목 구경하는 재미도 좋지만 '백년식당'이라 알려진 노포가 있다 하여 더욱 구미가 당겼다. 1915년부터 4대를 이어온 **천황식당**에서는 진주비빔밥을 한상 차려낸다. 비빔밥은 우리나라 전통 음식의 하나로 각 지역의 농산물과 솜씨가 어우러져 향토 음식으로 발전했는데, 이곳 천황식당에서 선보이는 진주비빔밥은 잘게 손질한 갖가지 고명을 올리고, 맑은 선짓국을 곁들이는 것이 특징이다.

비빔밥이 특별하다 하기는 어려울지도 모르겠지만 식당 벽면

천황식당

육회 고명이 올라간 진주식 비빔밥에 선지 넣은 고깃국 한 그릇이면
특별한 반찬 없이도 심심하지 않게 든든한 한 끼를 맛볼 수 있다.

에 붙여둔 안내문에서 진주비빔밥의 역사를 엿볼 수 있다. 임진왜란 당시 부녀자들이 진주성 전투에 앞장선 군관과 의병들에게 먹을거리를 수월하게 제공하고자 각종 재료를 한데 비벼 제공했다고 한다. 그때보다 좋은 재료를 쓰고 가짓수도 훨씬 많아졌겠지만 비빔밥을 생각해내 전장으로, 산 깊숙한 곳으로 날랐을 당시를 떠올려보면 이 한 그릇을 어떻게 비워야할지 분명해진다. 마당 한쪽을 가득 메우고 있는 장독대와 툇마루를 디뎌야 방으로 들어갈 수 있는 오래된 목조 가옥이 그 맛을 더욱 구수하게 만든다.

그렇게 곡기를 꼭꼭 씹는데 곱씹어야 할 것이 어디 밥뿐이겠는가 싶다. 근대기의 발자취는 물론이고 역사를 거슬러 다니다 보면 그 하루에 수십 년, 수백 년, 수천 년을 오가며 내 것과 똑같은 무게를 지닌 생의 마지막들을 목도하게 된다. 쉽지만은 않은 일인데 그 이야기들을 추스르며 내 삶의 자리를 되돌아보게 되는 것은 분명하다. 나와 직접적 관련이 없는 것만 같은 옛일들이 내 속을 든든히 채워주는 것이다. 그러니 밥심을 보태 부지런히 다닐 수밖에.

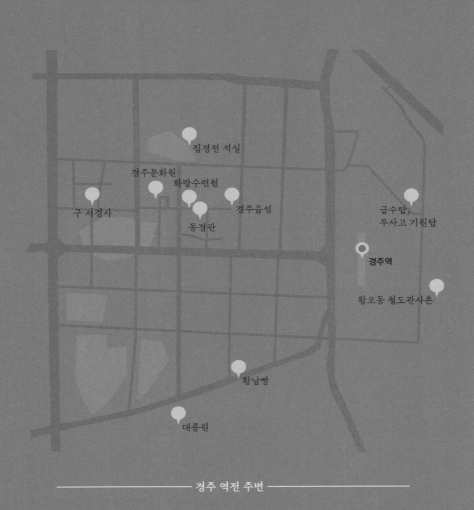

집경전 석실

경주문화원
화랑수련원

구 서경사

동경관

경주읍성

급수탑,
무사고 기원탑

경주역

황오동 철도관사촌

황남빵

대릉원

경주 역전 주변

경주 역전

신라 천년 고도에 남겨진
지난 백 년의 흔적

여느 때보다 길고 깊게 느껴진 어느 가을날, 경주는 더없이 아늑한 표정을 짓고 있었다. 줄지은 답사 행렬도, 봉긋한 고분과 고분 사이로 자전거 페달을 밟는 여행자들도 가을볕 아래 기꺼운 마음은 다르지 않은 듯 보였고, 이는 경주의 원도심 골목으로 들어선 나 역시 마찬가지였다.

틀림없는 공식처럼 '경주=신라'라고 단정했던 내 무심함에 몹시 무안했다. 신라의 역사를 품고 있는 고도임을 부정하는 것이 아니다. 경주역 중심으로 역사 담장을 에두른 마을과 역전 대로에서 가지 친 골목을 걸으며 현재와 그리 멀지 않은 근대기의 지층을 마주한 데 대한 놀라움이 큰 탓이다. 근대기 우리의 많은 터전을 빼앗고 지배했던 일제의 눈에도 경주는 예사 동네가 아니었던 듯하다. 상당수의 일본 지식인들이 경주 기행에 나섰고, 심지어 일본

197
경주 역전

의 어린 학생들도 경주로 수학여행을 올 정도였다고 한다. 1918년 10월 31일 대구에서 경주 시내를 통과해 불국사까지 경동선 열차가 지나기 시작한 것도 이와 무관하지 않다.

기차역 담장 너머로 뿌연 증기가 아득히

기와지붕이 자락을 펼친 역사가 인상적이다. 플랫폼에 서서 바라본 **경주역**은 1918년 개통 당시의 협궤 노선을 1936년 오늘날의 표준궤로 바꾸면서 새로 지었다. 시간이 흐르고 흘러 그날의 새 역사가 진즉 여든다섯 해를 보냈다. 기존의 역사는 신라의 전통 건축 양식을 토대로 지은 목조 건축물이었다는데 1936년 철로를 바꾸면서는 벽돌을 쌓고 회칠한 신식 건물로 지었다. 지붕은 기존의 역사를 본떠 전통미가 느껴지게끔 했지만 완전한 우리 전통 양식은 아니다. 얼핏 일본의 신사가 떠오른다. 그럼에도 군데군데 색 바랜 기와에는 회색 철골과 통유리로 감싼 근래의 기차역에서는 쉽사리 느껴볼 수 없는 정감이 묻어난다.

경주역 선로 위를 시원하게 가로지르는 육교 너머로 거대한 콘크리트 구조물이 솟아 있다. 바닷가였다면 대번에 등대라 생각할 법한데 **급수탑**이다. 급수탑이 세워진 1927년경에는 증기기관차가 달렸다. 증기기관차가 움직이려면 기차 내에서 보일러를 가

경주역

근래 철골 구조로 설계되는 여타 기차역과 달리 기와지붕을 이고 있는
경주역에는 역사 도시 특유의 분위기가 배어나온다.

경주역 급수탑

경주역 플랫폼에 서면 여러 갈래의 열차 선로 너머로
육중한 몸체의 급수탑이 눈에 띈다.

동해 증기를 발생시켜야 하니 상당량의 증기 발생용 물이 필요했다. 그래서 기차가 기관구에 입고될 때면 급수탑에서 용수를 보충하는 일이 기본이었다. 더 이상 증기기관차는 운행하지 않지만 이 급수탑은 유효하다. 음용수를 제외하고 역에서 필요로 하는 모든 용수를 저장, 공급하고 있다. 전국에 여러 급수탑이 남아 있지만 현재까지 제 역할을 하고 있는 것은 이 급수탑이 유일하다고 한다.

급수탑 앞에는 석가탑을 닮은 10층 탑 하나가 있다. **무사고 기원탑**이다. 본래 이 자리에 일제강점기 일본인들의 신사참배에 필요한 구조물이 세워졌다 하는데, 현재의 탑은 해방과 전쟁을 차례로 겪고 난 1955년 일제의 잔재를 없애고 열차의 안전 운행을 기원하는 의미로 다시 만든 것이라 한다. 그 시절에는 해마다 이 앞에서 무사고 기원제를 거행했다고 하는데 지금은 인적이 드물다. 담장 너머로 기차 소리 들려오면 탑 저 홀로 무사안녕을 비는지 모르겠다.

경주역 담장 밖 황오동 일대는 일제강점기 철도관사 80여 호가 밀집했던 **철도관사촌**이다. 대전 소제동 철도관사촌에 밀집해 있는 옛 관사와 마찬가지로 하나의 주택 안에 두 세대가 가운데 벽을 공유하는 2호 연립주택 구조의 집채를 격자형으로 배치하였다. 황오동에는 이들 철도 관사와 이웃하여 담장 낮은 주택들이 소복이 모여 있다. 층고가 낮아 전체적인 동네 분위기는 오밀조밀한 느낌이 들지만 주변 도로는 반듯하게 잘 정리되어 있다. 상당수의 관사가 헐리거나 증·개축되었음에도 불구하고 골목을 걷다 보면 옛 흔적을 제법 마주하게 된다. 지붕 아래 벽면의 환풍구와 관사 번호를 적은 문패도, 마당이나 집 앞에 심은 듬직한 측백나무도 마찬가지다. 가지 촘촘한 측백나무는 당시 관사와 관사 사이를 구분하는 울타리 같은 것이었으니 측백나무 우거진 집은 관사일 가능성이 높다. 그렇게 낯선 동네에서 눈썰미 뽐내며 숨은 관사 찾는 재미가 쏠쏠하다.

생채기의 역사를 밟고

경주역 광장 앞으로 쭉 뻗은 대로를 따라 십여 분 걸으면 **경주읍성**이다. 통일신라 때 축조되었을 거라 추정되지만 정확한 축조 연대는 기록된 것이 없고, 고려 때부터 기록이 축적되어 1933년에 발행된 지리서 『동경통지』에 '1378년에 고쳐 쌓았는데 높이가 12척 7촌'이었다는 기록이 있다. 이에 고려 때의 석축 읍성이라 보는 것이 아직까지는 합리적인 판단이다.

임진왜란 때에 불탄 읍성 남문을 1632년에 수리하면서 동문·서문·북문도 다시 세웠다고 하는데 그마저도 지금은 대부분 헐렸다. 1746년에 확장되어 전체 둘레는 2.3km로 추정되는데 서울 한양도성이 약 18km인 것과 비교해보면 옛 경주읍성의 규모를 어렴풋이나마 짐작해볼 수 있다. 자연 지세에 맞게 축조한 한양도성은 하늘에서 내려다봤을 때 전체적으로 길쭉한 타원형이 왼쪽으로 비스듬히 기울어진 모양인데, 평야 지대인 경주의 읍성은 네모반듯한 것도 비교해보면 재미있다.

경주읍성은 일제 때의 근대 도시계획, 이후 시가지 확장 등 복합적인 이유로 대부분 헐리고 현재는 동쪽 성벽이 50m 남짓 자리를 지키고 있다. 2002년부터 발굴 조사가 진행되면서 성벽 앞 초록 잔디 위로 이 일대에서 발굴된 석재들을 가지런히 모아 놓았는데, 식민 지배에 휘둘리고 근대 도시계획에 치인 끝에 남은 생채기처럼 느껴졌다.

경주읍성 주변으로는 고려와 조선에 걸쳐 경주 관아가 있던 자리에 들어선 **경주문화원**과 경주 관아의 객사 건물이었던 **동경관**, 그리고 조선 태조의 어진을 모셨다가 일제 때에는 인력거 보관소로 사용되기도 했다는 **집경전 석실** 등이 있다. 우리가 알고 있는 신라 고도 경주와는 시간의 결이 다른 문화유산들이 이웃하고 있는 것이다. 그 사이에 또 다른 결의 장소가 하나 더 있는데, 바로 구 서경사다.

경주 구 서경사는 일본 불교의 한 종파인 조동종에서 1932년경에 세운 사찰이다. 포교를 위해 만들었지만, 종교적 역할만 했던 것은 아니다. 해방 전까지 신자 대부분이 경주에 거주하던 일본인들이었다는 데서 짐작할 수 있듯 당시 이 사찰은 그들만의 커뮤니

티 공간이었던 셈이다. 일본에서 자재를 들여와 일본의 전통적인 불교 건축 양식으로 지었다 한다. 기와지붕이지만 우리 전통 한옥과 달리 지붕이 깎아지를 듯이 급한 경사를 이루어 정면에서 지붕면을 훤히 볼 수 있다는 것과 지붕이 전체 건물 높이의 절반에 가까울 만큼 집채에서 차지하는 비중이 크다는 점이 눈에 띈다. 이는 비바람에 영향을 많이 받는 일본의 기후가 반영된 구조다. 묵직한 돌을 쌓아 탄탄하게 올린 경주읍성이 그리 헐려버린 것과 달리 이 작은 사찰은 건축 당시와 크게 달라진 것이 없다고 한다.

구 서경사는 해방 이후 해병대 사무실, 한전 사무실, 농촌지도소 사무실 등으로 사용되었다. 일본 불교를 포교하려 한 것은 신

경주 구 서경사
1932년경 일본 불교 조동종에서 포교를 위해 지은 사찰 건물이다.
목조 팔작지붕이 두드러지는 일본의 전통 불교 양식을 구현했고
부분적으로 근대적 건축 요소를 가미했다. 국가등록문화재 제290호.

사참배를 강요하거나 우리말과 역사 교육을 금지한 것과는 다른 차원이지만 그 의도는 일본이 우리나라를 문화적으로 지배하고자 민족말살정책을 펼친 것과 같은 맥락이라 본다. 때문에 오늘날에 다른 무엇이 아닌 경상북도 무형문화재 제34호 전순임 판소리 전수관으로 활용되고 있다는 점이 반갑게 느껴졌다. 보존이라는 명목을 앞세워 빈 공간으로 두지 않고 생채기 난 자리에 우리 전통문화의 숨결을 불어넣어 생기를 더하고 있으니 말이다.

신라의 미소, 경주의 표정

경주경찰서 맞은편에 있는 **화랑수련원** 건물도 범상치 않다. 1920년경 경주 최초의 서양식 의료기관이었던 구 야마구치 병원 건물이다. 층고를 높게 잡아 수직성이 돋보이는 건축도 두드러지지만 이곳은 '신라의 미소'라 일컬어지는, 반쯤 깨어진 '경주 얼굴무늬 수막새'와 특별한 인연이 있어 더욱 호기심이 생겼다.

1930년대 야마구치 병원에 근무했던 의사 다나카 도시노부田中敏信가 경주의 어느 골동품상에서 온화한 미소를 머금고 있는 수막새를 구입했고, 이후 일본으로 돌아가면서 함께 가져간 것을 1972년 당시 경주박물관 박일훈 관장이 어렵사리 수소문하여 다나카 도시노부로부터 기증받게 됐다.

경주 얼굴무늬 수막새가 일반에 처음 공개된 것은 1934년 6월 1일 자 조선총독부 기관지인 「조선」을 통해서다. '가면와'라고 소개했다. '경주 얼굴무늬 수막새'는 훨씬 훗날에 명명된 유물명이다. 국내 유명 기업 LG가 CI에 얼굴무늬 수막새 이미지를 차용했고, 1998년 경주엑스포 공식 심벌마크에도 이 수막새가 활용됐다. 그뿐만 아니라 '신라의 미소'라는 수식어와 함께 한국적 콘텐츠를 상징하는 이미지로 꾸준히 소비되고 있다. 왜일까? 그 미소가 정녕 '모나리자의 미소'와 같이 시공을 초월하는 어떤 매력이 있어서? 그런 부분도 있을 거다. 여기서 수막새가 어떤 의미인지 짚어보면 좋겠다.

수막새는 지붕에 올린 기와 끝을 메워 지붕이 흘러내리지 않도록 보호하는 기능을 한다. 거기에 '벽사' 즉, 사악한 기운을 뿌리치는 의미를 담아 만들었는데 신라시대에는 대개 귀면문, 쉽게 말해 도깨비 문양이 많았다. 현재까지 발견된 사람 얼굴 형상의 인면문은 이 얼굴무늬 수막새 단 한 점뿐이다. 발견 때부터 한쪽 귀퉁이가 깨져 있었지만 그것이 이 수막새의 가치를 깎진 못했다. 희귀성으로도 가치가 있지만 '웃는 낯에 침 못 뱉는다'고 벽사에도 소박하고 인간적인 면모를 담아냈다 하여 더욱 높이 평가받고 있다. 되찾은 것은 더 말할 것 없이 다행인데 마냥 좋고 고마운 일은 아닌 것 같다. 그만큼 우리의 문화유산이 쉽게 반출된 반면 되찾는 데는 많은 노력이 따라야 했다는 이야기이기도 하다.*

첨성대며 안압지며 내로라하는 문화재가 밀집한 역사유적지구 근처에는 가보지도 못하고 경주역 둘레만 걸었는데도 서너 시간이 훌쩍이다. 경주 명물 **황남빵**으로 출출함을 달래며 그제야 걸음을 쉬어간다. 매대 뒤로 황남빵을 빚는 손길이 바쁘다. 그저 특색 있는 지역 상품 정도라 여겼는데 1939년부터 3대에 걸쳐 이어오고 있는 전통의 주전부리라고. 단맛이 나지만 텁텁하지 않고 구수한 뒷맛이 좋다. 경주의 근대와 같은 시간의 궤를 그리는 맛이라 그런지 더욱 음미하게 되었는지도 모르겠다.

황남빵을 입에 물고 이제 신라시대로 넘어가볼까 하다 경주읍성 방향으로 뒤돌아섰다. 그러자 얼굴무늬 수막새가 다시 떠올랐다. 천 년이 넘는 시간이 흘렀어도, 비록 귀퉁이가 깨졌어도, 그 얼굴의 미소는 그대로이지 않은가? 신라의 유산이 근대기 후손의 노력으로 다시 빛을 보게 되었다는 점이 새삼 놀라웠다. 역사도 문화도 시기별로, 장소별로 뚝뚝 끊어 바라볼 게 아니란 생각이 들었다. 겹겹의 시공이 머무는 그 길을 조금 더 천천히 톺아보고 싶어져 어느새 읍성 주변을 다시 걷고 있었다.

* 이기환, 「이기환의 흔적의 역사 – 진짜 무서운 얼굴은 따로 있다」, 2020년 07월 28일자 경향신문 14면.
* 이광표, 「익살과 관능과 신라의 미소 '얼굴무늬 수막새'」, 국회보 vol.640, 72-74p, 2020.

소양강

소양강 처녀상

소양로성당

춘천대교

강원도청

춘천역

춘천미술관

춘천시청

명동닭갈비골목

육림고개

죽림동성당

약사동
망대골목

춘천 소양로 주변

호반 물안개를 타고
산허리 돌아 걷는 길

특별히 추억이 없는 이에게도 춘천은 낭만적인 도시로 다가온다.
호반의 멋스러움과 함께 나이 지긋한 어르신들은 〈소양강 처녀〉
를, 이제 청춘의 옷을 걷어낸 중년들은 〈춘천 가는 기차〉 노랫말을
흥얼거리게 하는 곳이자, 벌써 십수 년이 지났지만 이웃 나라에까
지 열풍을 일으킨 드라마 〈겨울연가〉의 명장면들이 한데 포개지는
이곳 춘천은 자작자작하게 젖어드는 감수感受의 도시이니 말이다.
호반 물안개를 타고 야트막한 산허리를 돌아 걷는다. 투박하지만
정겨운 삶의 흔적들이 고스란하다.

　　춘천을 노래한 이야기들을 되뇌며 **춘천역**에 당도했는데 조금
은 당혹스럽다고 해야 할까. 앞으로 논밭이 펼쳐진 풍경과는 사뭇
다른 인상의 신식 역사가 덩그러니. 1939년 7월 25일 기적 소리
로 그 시작을 알린 서울발 춘천행 무궁화호 기차는 숱한 사연들을

실어 나르다 2005년에 이르러 멈춰 섰다. 그와 함께 춘천역도 운영을 중단했다고 하는데 완전히 역사의 뒤안길로 숨은 것이 아니라 단선 철도를 복선화하면서 잠시 멈춘 것. 춘천역은 2010년 12월부터 지금의 모습으로 다시 문을 열었다. 새로이 단장한 세련된 역사가 낯설긴 하지만 ITX 청춘 열차의 종착역으로 다시금 추억에 불을 지펴주고 있어 그걸로 족하다. 근래 여행자들은 도심지에 가까운 남춘천역을 주로 이용한다지만 근대로의 여행은 춘천역에서 시작하는 편이 훨씬 낫다. 이곳에서 걸어 십분 남짓에 **소양강 처녀상**이 기다리고 있으니.

담벼락 낮은 소양로 따라 소양강 물안개가 퍼져나가네

아주 어린 친구들이 아닌 이상 이 노랫말에 반응하지 않는 이가 있을까 싶다. '해 저문 소양강에 황혼이 지면 외로운 갈대밭에 슬피 우는 두견새야' 참 시적인 표현이다. 소양강 물길 따라 맑은 천이 유유히 흐르는가 하면 그 지류를 막아 세운 소양강댐으로 인해 형성된 춘천호, 의암호, 소양호 등의 인공 호수까지 춘천은 가히 사시사철 푸르른 호반의 도시가 맞다. 그리고 오늘에서야 알아간다. 소양강댐은 우리 근현대사에 큰 획을 그은 두 인물에 의해 완성된 것임을 말이다. 경부고속도로, 서울지하철 1호선과 함께 3대 국책

사업의 하나였던 소양강댐 개발을 추진한 이가 바로 박정희 전 대통령이고, 이를 가능케 한 이가 현대가家를 일으킨 고 정주영 회장이다.

처음 댐의 설계는 일본공영에서 맡았다. 소양강댐 건설 비용에 대일청구권 자금이 포함되어 있어 일본 회사가 투입된 것이다. 거기다 일본공영은 그전에 미얀마, 베트남 등지에서 대형 댐 건설을 진행한 경험이 있는 회사였다. 일본공영에서는 콘크리트 중력댐 설계안을 가져왔다. 그런데 당시 현대건설에서 진흙과 돌로 건설하는 사력 다목적 댐으로 설계를 변경하자고 나섰다. 철근과 시멘트 등 주요 자재를 수입해야 하고 이를 수송하는 데도 부담이 되는 콘크리트 중력댐보다 우리 하천에서 쉽게 구할 수 있는 모래와 자갈을 이용하면 공사비를 대폭 절약할 수 있다고 했다. 이런저런 힘겨루기 끝에 박정희 대통령이 현대건설에 힘을 실어주면서 1967년 현대건설이 공사를 맡게 됐다. 실제 소양강댐은 기존 설계보다 예산을 20% 이상 줄이면서도 훨씬 더 안전하고 튼튼한 댐으로 완성됐다고 한다.*

숫자를 읽어도 그 규모가 가늠되지 않는 설명들이 이어지는데 우리에게 와닿는 비유는 소양강댐 건설로 서울과 수도권 인구가 1년 동안 쓸 물을 안정적으로 공급받을 수 있게 되었다는 이야기일

* 정주영, 『이 땅에 태어나서』, 103-114p. 솔. 2015.

소양강 처녀상

어딘가 애달픈 분위기가 느껴지는 해 질 녘 소양강변.

것이다. 그런가 하면 댐 공사로 강원도 3개 군, 6개 면, 38개 리 단위가 수몰됐고, 이에 삶의 터전을 옮겨야 했던 이주민이 3,153가구 18,546명으로 집계됐다. 댐 건설로 고향을 떠나야 하는 아쉬움도 컸지만 당시 상당수의 이주민들은 나라 발전에 도움되는 일이라 여겨 크게 반대하지 못했다고 전해진다.

오래된 마을, 좁다란 골목에서 발견한 자연스러운 질서

호반 사거리 인근 소양로에 번개시장길이라는 지명이 눈에 띈다. 아무리 둘러봐도 시장을 찾을 수 없었는데 매일 새벽에 장이 열린단다. 1970년대 후반 의암호 건너의 주민들이 새벽녘에 신선한 농산물을 배로 싣고 와서 내다 팔았던 춘천 최대 규모의 채소·과일 시장이었다. 지금은 춘천의 전통시장 가운데 유일한 미등록 시장으로 그 규모가 엄청나게 작아졌지만 그래도 주말이면 꽤나 많은 사람들이 이곳을 찾는다고 한다.

언덕으로 이어지는 소양로 골목은 거미줄처럼 가느다랗고 촘촘하다. 재미난 것은 씨 뿌릴 구석만 있으면 뭐든 가꾸고 보는 동네 어르신들의 소일거리. 텃밭은 물론이고 대문 지붕 위로 노랗게 익기 시작하는 감이며, 아직은 영글지 않아 초록빛 포도 알맹이가 송골하게 맺힌 집도 제법 눈에 띈다. 호반 물안개가 이 길 따라 산허리를 휘감는다.

오밀조밀한 골목은 꽤 비탈진데 살짝 숨소리가 거칠어질 때쯤 **소양로성당**에 다다른다. 1956년에 건립된 소양로성당은 그간 보아온 근대기 교회 건축물들과는 상당히 다르다. 반원형의 성당 한가운데 제단이 있고 신자들은 부채꼴로 앉아 미사를 올리는 구조다. 대개 근대기에 지어진 교회 건축물들을 두고 근대 건축물이라고 하지만 실은 중세의 양식을 계승한 것이 대부분인데, 이 성당이야말로 중세풍 양식에서 벗어난 근대적 공간이란 인상이다. 부채꼴 형태로 입체적인 공간감을 가졌기 때문인지 성당 내부는 진공의 영역처럼 독특한 소리 울림이 있다. 공기가 한층 더 묵직하게 느껴진달까. 발걸음 하나도 조심히 내딛게 되는 묘한 분위기였다.

소양로성당에서 500m 남짓 언덕길을 따라 내려오면 **강원도청**이다. 조선시대까지 강원도의 수부首部 도시는 원주였는데 고종이 춘천을 군사적 요충지로 인식해 유사시 피난처로 사용하고자 춘천이궁을 추진하면서 강원 지역에 상당한 변화가 발생한다. 1890년 이궁이 설치된 이후 1896년에는 전국 행정구역을 13도로 재편하면서 오늘날 도청의 역할을 하는 강원감영까지 원주에서 춘천으로 옮겨온 것이다. 춘천이 강원 지역의 중심 도시로 자리매김하게 된 배경이다.

춘천시 중앙로에 위치한 강원도청사는 한국전쟁이 끝나고 1957년 춘천이궁 자리에 신축됐다. 춘천이궁은 일제에 의해 훼손

되고 한때 신사가 들어서기도 했다. 강원도청사는 수직성 강한 근대식 건축물인데 청사 왼편 얕은 언덕배기에 조선시대 문과 문루가 배치된 것도 이 춘천이궁의 역사와 관련이 있다. 문과 문루는 각각 위봉문과 조양루로 원래는 1646년 춘천관아 옆에 문소각이라는 건물을 지을 때 세운 것이다. 이후 이궁을 설치하면서 개축해 각각 내삼문과 문루로 사용했다. 한국전쟁을 거치며 일부 소실되고 몇 차례 이전되는 등 신세가 그리 평탄치 않았는데 2013년 지금의 자리로 옮겨 이제 좀 제자리를 찾은 모양새다.

주변에서 중심이 되기도, 중심에서 주변인 듯도

강원도청 아래에 위치한 춘천시청 주변으로도 한눈에 세월 머금은 풍경들이 들어온다. 대표적인 곳이 **춘천미술관**이다. 백여 년 전 춘천에서 활동한 미국 남선교부가 병원으로 사용한 건물을 1955년 춘천 중앙감리교회에서 매입해 예배당으로 사용했고, 이를 다시 춘천시에서 매입해 미술관으로 단장했다. 고목 뒤로 붉은 벽돌 건물이 고즈넉하니 예술 작품을 감상하는 장소로 손색이 없다.

닭갈비 가게들이 촘촘하게 늘어선 춘천 최고의 번화가 명동과 중앙시장을 두리번두리번 구경하다 보면 금세 **약사동 망대골목**이다. 일제 때 세운 화재감시탑이 이곳 약사동의 망대인데, 한국전

조양루에서 바라본 위봉문

춘천이궁 자리에 남아 있던 내부 출입문이다.
강원도 유형문화재 제1호.

쟁 때부터는 망망대해를 헤쳐 온 뱃사람들이 등대 불빛 따라 모여들듯 피란민들이 이 주변으로 모여들어 마을을 형성하게 되었다. 그 때문에 약사동이란 지명보다 망대골목이란 애칭이 더 익숙해진 동네다. 해방 후에는 이곳 망대에서 인근 춘천교도소의 재소자들을 감시하기도 했다. 일종의 초소 역할을 한 셈이다.

약사동 망대 일대는 오랜 기간 재개발이 된다 아니다 말이 많았는데 2019년 12월에 재개발 사업 취소가 최종 확정됐다. 이로써 언제 사라질지 기약이 없었던 동네는 당분간 그대로 유지될 거라 한다. 화장실은 안채가 아닌 마당 한쪽에 따로 떨어져 있는 것이 보통이고, 낮은 담장 위로 얼기설기 휘어감아 놓은 가시 철망 또한 예사다. 녹슨 철제 대문 가운데 둥그런 손잡이를 물고 있는 사자 문고리, 뭘 매달 수 있을 것 같은 곳엔 어김없이 빨랫줄이 쳐진 것도 집집마다 다르지 않다. 언제 철거되어도 이상하지 않을 모습인데 동네를 걸으며 마주한 것은 생명력이었다. 삶이 오죽 퍽퍽했을까, 얼마나 고단했을까 싶은 마을 곳곳에 꽃송이들이 어쩜 그렇게 곱게 피었는지. 자연스러운 모습이지만 꽃씨가 날아와 저대로 알아서 핀 것이 아니라 이곳 사람들이 매만지며 가꾼 태가 난다. 세상사 '중심'에서의 삶은 아닐지 모르겠다. 그러나 꽃처럼 곱게 피고지고 싶은 마음은 누구에게나 매한가지 아니었을까. 샛길에 접어들 때마다 이런저런 생각이 수시로 교차했다.

약사동 망대골목
망대는 골목 어디서나 한눈에 들어와 나침반이 되어준다.

겨울

고독과 낭만이
공존하는 거리에서

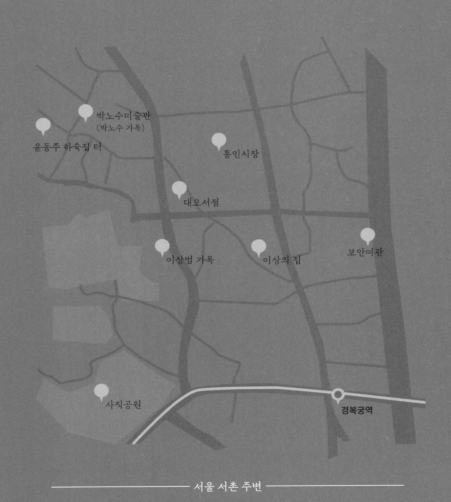

박노수미술관
(박노수 가옥)

윤동주 하숙집 터

통인시장

대오서점

이상범 가옥

이상의 집

보안여관

사직공원

경복궁역

─── 서울 서촌 주변 ───

시간을 곱씹는 길,
서촌 한 바퀴

경복궁의 서쪽에 있는 마을이라 하여 붙은 이름 서촌은 오늘날 행정구역상에는 없는 지명인데 부침의 역사 속에서 변한 듯 변하지 않은 이 마을을 사람들은 여전히 서촌이라 부른다. 경복궁 궁궐 담장 바깥의 누하동, 옥인동, 통인동, 더 넓게는 효자동과 사직동 일대를 크게 아우르는 서촌. 누군가의 어깨를 스치기 일쑤고, 자전거든 자동차든 오가는 차를 피해 잠시 길가에 비켜서 있어야 하는 골목을 걸으며 서울 하늘 아래에도 이렇듯 정답고 따사로운 곳이 있구나, 그 기운을 한껏 쬐어본다.

조선 왕조를 개창한 태조 이성계가 수도를 개성에서 한양으로 이전한 이래 600년이 넘는 긴긴 시간 동안 서울에는 참으로 많은 사람들이 북적이며 살고 있는데, 오늘날 우리가 좋아하는 서촌 특유의 분위기는 어디에서 나오게 된 걸까? 조선조 대대로 부귀를 누리며 살았던 양반네 동네 북촌에 비해 서촌에는 주로 궁궐과 관청을 바삐 오가야 했던 역관과 의관 등 전문직에 해당하는 중인들이 모여 살았다. 서촌의 중인들은 그들의 지식과 교양을 문학과 예술 작품으로 표현하여 당대 문화를 선도했다고 전해진다. 잘은 몰라도 귀동냥으로 들어본 겸재 정선의 〈인왕제색도〉와 추사 김정희의 '추사체' 등이 모두 서촌 안팎에서 꽃핀 것이라 하니 이곳의 문화적 토대는 보통이 아니란 말씀.

경복궁 담장 따라 골목길 깊숙이

서촌에서는 내로라하는 문인들의 이름을 심심치 않게 발견하게 된다. 서촌 여행 그 첫걸음을 내딛은 **보안여관**에서 마주한 이름은 '서정주'다. 보안여관은 1930년대에 지어져 지난 2004년까지 실제 여관으로 운영된 곳이다. 그때 그 시절 지방에서 갓 상경해 형편이 여의치 않았던 문인들에게 여관은 셋방이자 작업실이었다. 전북 고창 출신의 서정주는 1936년 이곳 보안여관에 머무르며 김달진, 김동리 등과 함께 문예동인지 「시인부락」을 만들어 활동했다. 외벽은 짙은 갈색 타일로 마감한 옛 모습 그대로이지만 내부는 칠이 벗겨지고 방과 방 사이의 벽과 천장이 뜯겨져 언뜻 곧 철거를 앞두고 있는 것처럼 보이기도 한데 오늘날의 보안여관은 신

서촌 산책

골목골목 한옥으로 들어찬 통인동에는
그날의 날씨, 계절과 상관없이 언제든 따뜻한 기운이 흐른다.

진 예술가들을 위한 전시 공간으로 활용되고 있다. 현재 소유주가 여관 건물을 매입했을 땐 여관을 헐고 새 건물을 올릴 생각이었다는데, 천장을 뜯어내 상량문 등 집의 기초를 확인하고는 최소한의 수리만 하고 보존하는 길을 택했다. 헐어버릴 건물이 아니라고 직감한 것이다. 그러고는 전시 공간으로 만들었다. 자그마한 여관방에 모여 앉아 고군분투했던 옛 문인들의 흔적이 남은 이곳에서 이제 이 시대의 서정주가 새로이 피어날 일이다.*

서촌을 걷다 보면 아담한 한옥을 심심찮게 마주한다. 서울에서 한옥마을로 익히 알려진 곳은 북촌이다. 창덕궁과 경복궁 사이의 북촌에는 고위 관리나 왕족들이 살았다. 일제의 근대 도시계획에 따라 땅이 분할된 탓에 현재 북촌의 한옥은 규모가 본래보다 줄어 아담해졌는데, 처음 지을 때에도 대궐 같이 으리으리한 한옥이 자리했던 것은 아니었다. 그럼에도 북촌과 서촌의 한옥은 그 분위기가 사뭇 다르고, 상대적으로 북촌 한옥이 더 고풍스럽다 한다. 북촌의 한옥은 일제강점기를 거치며 상당 부분 변형이 일어났지만 윤보선 가옥 등 옛 모습을 간직한 곳들이 여럿 남아 있어 전통 한옥의 특징과 주거 문화의 변화상을 두루 살펴볼 수 있다. 반면 서촌의 한옥은 1910년대 이후 일제의 주택계획에 의해 대량으로 지어진 개량 한옥이 다수다. 전통 한옥 양식에 벽돌과 유리, 시

* 허영은, '한국 근대문학의 발상지에서 예술 문화공간으로 변신한 통의동 보안여관', 디자인프레스 네이버 디자인 – Oh! 크리에이터!', blog.naver.com/designpress2016/221613443473.

멘트 등 서양에서 들여온 근대 건축재료를 적절히 사용한 이른바 '도시형 한옥'인 셈이다. 사실 좁은 평수며 낮은 지붕, 그마저도 때 되면 기와를 갈아줘야 하고, 화장실을 집 밖에 둔 전통 한옥은 생활하기에 그리 편리하진 않다. 이런 한옥을 생활하기 편리하게 바꾸고, 넓진 않지만 꽃나무 위로 볕이 내려앉는 마당까지 두면서, 권세 등등한 양반네의 전유물로 여겨졌던 한옥의 모양새는 살릴 수 있었으니 서촌 곳곳의 도시형 한옥은 쳐다만 보고 있어도 흐뭇한 근대기 서울 사람들의 보금자리로 의미가 있다. 이러한 근대기 한옥과 게스트하우스, 카페 등으로 새로이 단장한 한옥들이 이웃하고 있는 서촌은 천천히 거니는 것만으로도 눈요기가 된다.

1941년 효자동 주변에 일본인들의 편의를 위해 조성했던 공설시장을 모태로 인근의 노점과 상점까지 편입되어 지금의 형태로 자리 잡게 된 **통인시장** 역시 서촌의 명물이다. 현금을 엽전으로 바꿔 시장에서 파는 다양한 주전부리를 도시락에 담아 먹는 '도시락 카페' 덕분이다. 이곳이 원조라는 기름떡볶이부터 잡채, 제육볶음, 계란말이 등 손맛 좋은 반찬과 수수부꾸미, 튀김, 어묵, 닭강정 등 맛깔난 분식을 고루고루 담다 보면 여느 뷔페식당이 부럽지 않다.

후식은 **대오서점**에서 맛본다. 새 책이 귀했던 시절에 참고서나 교과서 등 헌책을 사고팔던 헌책방이다. 애초에 서촌 출신의 청년 조대식이 창고를 개조한 이름 없는 책방으로 운영했으나 그가 어

대오서점

서촌에서 작은 헌책방을 운영한 한 일가의 이야기가
이제 서촌 여행자들 모두의 흐뭇한 추억으로 물들고 있다.

여쁜 아가씨 권오남을 만나 결혼한 1951년부터 두 사람의 이름을 하나씩 따 대오서점이라 이름 짓고 지금까지 한 자리를 지키고 있는 서촌의 터줏대감이다. 서점 운영은 중단했지만 옛 모습 그대로인 안채를 카페로 단장해 서촌 여행자들의 참새방앗간이 되어준다.

길목마다 나타나는 근대기 천재 예술가들의 발자국

동네 빵집, 동네 세탁소, 동네 미용실 등 동네 점방이 고개를 내밀고 있는 통인동 골목 한가운데에 위치한 **이상의 집**은 천재 문학가 이상이 큰아버지 김연필에게 입양된 세 살 때부터 큰아버지가 죽고 친가로 돌아가게 되는 1931년까지 근 20년을 살았던 집터 일부에 조성한 문화공간이다. 이상이 살았던 때의 흔적은 남아 있지 않다. 현재의 건물은 이상이 사망한 후에 지어진 것으로 철거될 뻔했던 것을 2009년 문화유산국민신탁이 시민 모금과 기업 후원으로 매입해 이상을 함께 기억하는 공간으로 단장했다. 소설, 수필, 삽화, 서신 등을 연대순으로 분류한 아카이브와 기와지붕을 내려다볼 수 있게 꾸민 발코니가 인상적이다.

요절한 천재 이상이 27년의 일생 가운데 대부분을 보낸 서촌 집은 원래 300평이 넘는 넓은 집이었다고 전해지는데, 과연 집채만큼이나 그의 삶이 풍요로웠을까? 우리에겐 문인으로 익숙하지만 이상은 현재 서울대학교 공과대학의 전신인 경성고등공업학교 건축과를 수석으로 졸업하고 조선총독부에서 건축 기사로 일할 만큼 뛰어난 건축가였다. 거기다 글도 잘 쓰고, 그림도 잘 그렸으니 분명 재주가 많은 사람이었다. 시에 수학 기호와 숫자, 도형 등을 사용하거나 띄어쓰기를 무시하는 등 기존의 문법을 파괴한 그의 독특한 언어 세계는 놀랍도록 기발하다. 그러나 당시에는 '해석 불가'의 문제작이기도 했다. 자신만의 독창적인 언어 세계를

이상의 집
이상이 살았던 옛 집터에
이상을 꿈꾸게 하는 문화공간이 마련되어 있다.

만들어나갔지만 상당한 불안감을 내비치는 작품 분위기를 통해 이상의 고뇌가 적지 않았음을 읽을 수 있다. 아이러니하게도 백여 년 전 요절한 작가는 지금까지 가장 현대적인 문학가로 소비되고 있다.

누하동의 막다른 골목 끝에 자리한 청연산방은 **이상범 가옥**이다. 청전 이상범은 겸재 정선의 전통 산수화를 이으면서도 현대적 감각으로 우리 자연을 표현한 근대기 대표 산수화가다. 또한 1936년 베를린 올림픽 마라톤에서 우승한 손기정 선수 가슴팍의 일장기를 지운 주인공이기도 하다. 동아일보에 재직할 당시의 '일장기 말살 사건'으로 옥고를 치른 이상범은 그 무렵 옆집을 사서 화실을 만들고, 집 안에서 오갈 수 있도록 벽을 텄다. 화실은 청전화숙 靑田畵塾이라 이름 붙였다. 이곳에서 그는 작품 활동을 하는 한편 후학을 양성하는 데 힘썼다.

우리가 청연산방이라 부르는 이 집을 청전 스스로는 누하동천樓下洞天이라 했다. 동천은 신선이 사는 경치 좋은 곳을 가리키는 말이다. 실제 집은 좁은 골목 끝에 자리하고 있어 지금 모습만으로는 경치 좋은 곳이라 하기 어렵지만, 인왕산 필운대 아래 자리를 잡고 있으니 청전이 살았던 때를 상상해보면 틀린 말도 아닐 것이다. 선비목이 굽어 살피는 이 집 처마 밑에는 실제 누하동천이라 쓴 편액이 걸려 있는데, 이곳에서 스스로 신선이 된 청전은 박노수, 배렴 등 내로라하는 예술가들을 길러냈다.

누하동천 이상범 가옥은 1930년대 지은 도시형 한옥이고, 청전화숙은 시멘트 벽돌로 지은 단층의 양옥이다. 서로 연결된 두 집은 '서울 누하동 이상범 가옥과 화실'이라 하여 등록문화재 제171호로 지정되어 있다. ㄱ자 안채와 화실 사이의 —자 행랑채에 청전의 방이 있어 두 집이 자연스럽게 하나의 공간으로 연결되는 것이 매우 독특하다. 청전이 작고한 1972년까지는 3대가 거주했고 이후에는 넷째 며느리 천금순 여사가 시아버지의 유품과 함께 이 공간을 지켜왔다. 2006년 서울시가 매입하여 복원한 이후에는 문화해설사가 이 집에 얽힌 이야기들을 대신 전하고 있다.

이상범 가옥에서 머지않은 곳에 청출어람이라는 표현이 과하지 않을 쪽빛의 화가 남정 박노수의 집이 자리하고 있다. **박노수 가옥**은 1937년경 건축가 박길룡이 조선 말기의 한옥 양식과 중국식, 서양식 건축기법을 두루 절충하여 설계한 집이다. 대한제국의 관료이자 1910년 순종으로 하여금 한일합방조약에 옥새를 찍게 했던 대표적인 친일파 윤덕영이 그의 딸과 사위를 위해 지은 집이었다고 한다. 1972년부터 박노수 화백이 이 집을 소유하였고, 2013년 선생이 타계한 후 천여 점에 달하는 그림과 소장품을 사회에 환원하여 지금은 종로구립 박노수미술관으로 운영되고 있다. 2층의 붉은 벽돌집 내부에는 나무 계단과 벽난로가 들어앉아 가옥 자체는 전통미보다는 이국적인 인상이 강하게 드는데 집 안 곳곳에 청연한 그의 작품이, 정원에는 다부진 수석과 조각품들이 어우러져 무척 고풍스럽다. 추사의 글씨를 전각한 현판 여의륜如意輪은 이 집에 들어오는 사람들의 만사형통을 기원한다는 의미다. 나라를 팔아 지은 집이란 오명도 좋은 사람, 좋은 뜻을 만나 얼마든 새로이 태어날 수 있음을 목도하게 된다.

박노수 가옥에서 윤동주가 기거했던 하숙집 터를 지나는 서촌 골목길은 인왕산 자락으로 연결되는데, 그 중턱 수성동 계곡까지 조금 더 걸어본다. 수성동 계곡에 이르자 서울 도심이 눈앞에 주단을 펼친다. 고층의 전망대에서 바라볼 때와는 사뭇 다른 때깔이다. 걸으면서 마주하는 삶의 맵시는 잔잔하면서도 마음 어딘가를 뭉클하게 만드는 구석이 있는 모양이다.

박노수 가옥
근대기 예술가 마을이라 해도 과하지 않을 서촌이다.
미술관으로 단장한 박노수 가옥을 중심으로 그 기운이 자박자박하게 흐른다.
서울특별시 문화재자료 제1호.

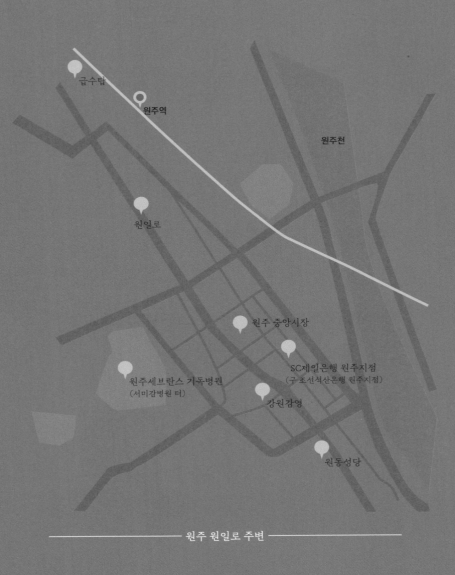

급수탑

원주역

원주천

원일로

원주 중앙시장

SC제일은행 원주지점
(구 조선식산은행 원주지점)

원주세브란스 기독병원
(서미감병원 터)

강원감영

원동성당

원주 원일로 주변

치악 자락의 풍족했던 고을, 원주의 부침 속으로

조선팔도라는 말이 있다. 조선시대에 지방 행정을 8개의 도로 나누어 관할했던 데서 나온 말이다. 각 도마다 관찰사가 거처하는 관청을 두었는데 이를 감영이라고 한다. 요즘으로 치면 도청쯤 된다. 강원감영은 치악산 자락 원주에 두었다. 감영 소재지가 바뀌지 않고 그 본래 형태가 고스란히 남아 있는 곳은 전주, 평양과 이곳 원주뿐이라고 전해진다. 오늘날 강원도라는 명칭도 강릉과 원주에서 각각 한 글자를 딴 것이라 하니 원주는 그야말로 강원도 지방행정의 중심지라 하겠다. 그러나 우리나라 근대기를 이야기할 때 원주는 물론이고 강원 지역은 그리 눈에 띄지 않는다. 개항지와 수도 서울 그리고 일제가 놓은 호남선과 경부선 등 주요 철도가 지나는 수탈과 대륙 침략의 주요 거점지에서 비켜나 있는 까닭이다.

새하얀 급수탑이 이정표가 되어

개항의 기운도 느지막이 도달하였고, 원주역이 들어선 것도 1940 년에 이르러서이지만 이곳에도 근대의 시간은 재깍재깍 흘렀다. 낯선 역사에서 갈피를 잡아준 것은 선로 건너편에 우뚝 솟은 **원주 역 급수탑**이다. 증기기관차가 철로 위를 지나다니던 시절의 흔적 이다. 높이 18m로 흔적치고는 거대하다. 새하얀 칠을 해놓아 더 욱 도드라진다. 1942년 원주역을 지나던 증기기관차에 물을 공급 하기 위해 설치한 것으로 꼭대기에 물탱크와 환기창을, 그 아래로 펌프 시설을 갖추고 있는 구조는 1940년대 급수탑의 전형이라고 한다. 1950년대에 디젤기관차가 등장하면서 쓸모를 잃고 역사 한 쪽에 덩그러니 남았다. 근대화 과정에서 중요한 역할을 했던 철도 시설물로 가치를 인정받아 등록문화재 제138호로 지정된 것도 의 미가 있지만 원주역 사거리에서부터 시작되는 근대 여행의 이정 표로도 이만한 것이 없다.

원주역 사거리에서 강원감영 방면으로 일방향의 직선대로인 원일로가 뻗어 있다. 원도심이라고는 하지만 여전히 번화한 중심 상권인데 대로변 따라 이제는 잘 사용하지 않는 '역전'이라는 표현 이 상호명 곳곳에서 발견되고, 두 자리 국번의 전화번호를 그대로 둔 간판 구경도 어렵지 않다. 그 언저리에서 시간의 결이 다른 첫 번째 목적지 서미감병원 터를 찾았다.

원주역 급수탑

원주역 급수탑은 원주의 근대로 들어가는 시작점이 되어준다.
국가등록문화재 제138호.

서미감병원은 미국으로 이주해온 스웨덴 감리교회 신자들의 모금으로 1913년 건립된 원주 최초의 서양식 의료 기관이다. 미국 북감리회가 원주에 병원 설립을 추진한 것은 1910년이었다. 한국 선교를 시작한 지 25년을 맞은 해였다. 병원은 지하층이 있는 2층 벽돌 건물로 17개의 병상을 갖추었다. 병상이 17개면 작은 규모가 아닌가 싶었는데, 1993년 병원 로비에서 개최된 '서미감병원 100년 사진전'에 소개된 개원 당시 사진을 보면 병원 주변은 죄다 논밭으로 2층 규모의 병원이 어느 외국의 대저택처럼 보인다. 규모가 크지 않았다 하더라도 당시 강원도 지역의 의료 환경을 생각하면 지역민들에게 서미감병원이 개원한 것은 너무도 반갑고 감사한 일이었을 거다.

서미감병원은 1930년대 중반에 감리교 내부 사정과 일제의 선교사 추방 정책 등이 겹치며 운영이 중단되고 한국전쟁 때 모두 소실되었는데, 해방 이후 미국 감리회 선교부가 옛 부지를 찾아 1959년 10월 다시 병원을 준공했다. 몇 차례 증축을 거쳤고 현재는 원주세브란스기독병원으로 운영되고 있다. 병원 부속 건물로 당시 선교사 숙소가 남아 있다. 붉은 벽돌로 지은 것이며, 창틀을 흰색으로 칠한 것, 지하실을 갖춘 2층 건물이라는 점 등이 옛 서미감병원과 닮아 병원 건물이 소실되기 전의 모습을 머릿속에 그려보게 한다.

시장 속을 헤집고 시장 밖을 에둘러

원일로 주변으로 크고 작은 시장과 먹거리 골목이 이어진다. 그 가운데 **원주 중앙시장**은 해방 이후 자연 발생적으로 형성된 전통시장이다. 처음에는 난전 형태였고, 1970년에 지금의 2층 상가형 도매시장으로 단장했다고 한다. 상가형 도매시장이라는 말만 들으면 요즘의 신식 아케이드 건물 같지만 속을 들여다보면 깜짝 놀라게 된다. 이름난 음식점과 한복집 등의 점포가 늘어선 1층은 여느 시장과 크게 다르지 않은데, 2층으로 올라가니 상가라기보다는 살림집들이 다닥다닥 붙어 있는 모양새가 전혀 다른 세상이다. 시장이 아니라 70~80년대를 배경으로 한 드라마 속 골목 풍경이 떠오른다. 1980년대 후반 도심 공동화 현상으로 시장 내에 공점포가 생겨났다. 이때 바느질하는 집이며, 국밥집, 점집 그리고 살림집까지 들어오면서 지금과 같은 독특한 구조를 갖게 된 것이라고 한다. 이곳 터줏대감은 시장이 생길 때부터 한자리에서 문을 열고 있는 신원이발관이다. 깔끔한 양복 차림의 노 이발사는 경력 70년이 넘는 베테랑. 40년도 더 된 독일제 드라이어를 손에 쥐고 오래돼도 이만한 게 없다고 말하는 그에게서 지난 세월이 그대로 느껴진다.

중앙시장에서 민속풍물시장 자리로 이어지는 문화의 거리 중간 즈음에서 또 하나의 근대 문화유산을 발견한다. SC제일은행 원주지점은 태생도 은행이다. 1934년에 세워진 **조선식산은행 원주지점**으로 시작했다. 원주 최초의 은행이지만 그 시절 식민지 수탈 기구였던 동양척식회사의 실질적 지배를 받으며 운영되었기에 우리로서는 온전한 의미의 은행이라 할 수는 없겠다. 모르타르 질감의 건물은 단층이지만 천장이 높고 정면에서 보면 반듯한 좌우대칭, 창문도 세로가 길어 수직성이 강조되는데 이러한 점은 일제강점기 은행 건축물에서 발견할 수 있는 대표적 특징이다. 건물 뒤로 돌아가면 그보다 작은 규모의 집채 두어 개가 이어져 훨씬 입체적인 모양새다. 금고문을 연상시키는 외벽 철문이 그야말로 철벽을 친 것처럼 차갑게 느껴진다. 이러한 단절감이 당시엔 오죽했을까 싶은 생각이 절로 든다.

진위대가 머물렀던 감영에서 민주화의 요람 원동성당까지

문화의 거리를 빠져나와 원일로 건너의 **강원감영**으로 발을 옮긴다. 1395년부터 1895년까지 무려 500년간 강원도 행정의 중심으로 그 역할을 하였으나 감영이 춘천으로 옮겨감에 따라 이후에는 원주 진위대 본부로 사용되었다. 1907년 진위대 해산 후에는 일본 헌병수비대가 머물기도 했다. 한국전쟁을 겪으며 대부분이 소실되었는데 출입 문루인 포정루와 관찰사의 집무실인 선화당 등 일부가 남아 있다. 일부라지만 도심 한가운데 너른 마당을 두고 있어 과거의 당당한 풍채를 짐작케 한다. 한편으로는 열어젖힌 창호 너머로 화려한 광고판이 보이고, 감영 주변에 들어선 일제 때의 상가 건물과 초고층 빌딩이 감영의 기와지붕과 하나로 이어지는 스카이라인을 만들고 있다. 다른 차원에 떨어져 현실 감각을 잃고 어리바리하게 주위를 살피는 타임슬립 드라마 주인공이 떠오를 만큼 묘한 기운이 감도는 곳이기도 하다.

원일로 끄트머리에 위치한 **원동성당**은 1970년대 지학순 주교와 김지하 시인 등이 중심이 되어 반독재 투쟁을 전개하였던 원주 지역 민주화운동의 요람으로 알려져 있다. 본래 1913년 고딕 양식의 붉은 벽돌 예배당으로 지어졌으나 한국전쟁 중에 폭격으로 모두 불타고 현재의 성당은 1954년에 다시 지은 것이다. 시멘트 벽돌 건물이지만 외벽을 다소 거칠게 마감하고 일정 간격으로 줄눈을 넣어 석조 건축물의 분위기를 냈다.

해 질 녘 원동성당은 중후한 인상을 풍겼다. 조심스레 성당 안으로 들어서자 미사 시간이 좀 남았는지 반주자 한 사람이 텅 빈 성당을 성가 반주로 채우고 있었다. 비었지만 가득 차 있는 것만 같은 모순된 기분이 들었는데, 이럴 때엔 종교를 떠나 그 자리에 가만히 앉아 혼자만의 시간을 누려도 괜찮겠다 싶어 한참을 머물렀다.

원주역 사거리에서 원동성당까지 1.5km 남짓의 원일로는 섬

원주 원일로 풍경

조선시대 강원감영과 일제강점기 상점가가 이웃한 원주 원도심 풍경이다.
이 길 위로 사람도 차도 시대도 교차한다.

원주 중앙시장

화재로 거뭇하게 그을린 자국이 남아 있지만 빼꼼 들여다보는 인기척에
반가운 얼굴로 눈인사를 나누는 시장 사람들의 표정만은 생기 넘친다.

원주 원동성당

석조 분위기를 낸 성당 건축과 그 앞을 호위하는 푸른 소나무가
견고하면서도 다소 차가운 인상을 주는데 성당 안으로는 스테인드글라스를
투과한 바깥 볕이 고요한 온기를 불어넣고 있었다.
국가등록문화재 제139호.

없이 걷는다 치면 15분으로 충분하다. 그런데 서너 시간이 지나도 모자라다 느껴진 것은 낯선 걸음으로도 축적된 시간들을 헤아릴 수 있었기 때문이지 싶다. 이쪽에서 저쪽, 다시 저쪽에서 이쪽으로 길을 건널 때마다 무시로 시대가 바뀌는 원일로다.

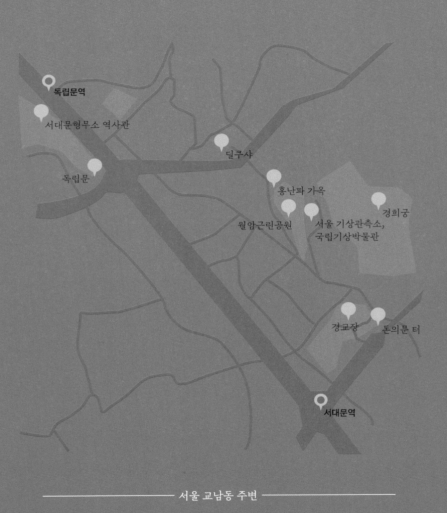

독립문역

서대문형무소 역사관

딜쿠샤

독립문

홍난파 가옥

경희궁

월암근린공원

서울 기상관측소,
국립기상박물관

경교장

돈의문 터

서대문역

서울 교남동 주변

평화를 꿈꾸던 자들의
혼이 여기에 남아

구한말 사대문 안으로 전차가 다닐 때만 하더라도 도성 안팎을 연결해주던 성문은 물론이고 성문 양쪽으로 자락을 펼친 성곽 또한 무탈했다. 그러나 한양을 식민도시 경성으로 전환시키려 한 일제는 도로를 넓힌다는 명목으로 1915년 3월 도성의 서쪽 대문이었던 돈의문을 헐고 길을 냈다. 돈의문은 헐리기만 한 것이 아니라 경매에 붙여져 당시 쌀 17가마에 준하는 단돈 205원에 땔감용으로 팔려나갔다. 돈의문이 헐린 자리에 새로이 닦은 길이 오늘날 서대문로터리에서 세종로사거리에 이르는 새문안로다.

새문안로 남쪽에 자리한 경운궁 일대 정동에는 서양 공관이며 선교사들이 세운 교회와 학교 등의 기관들이 밀집했다. 반면 새문안로 북쪽에 위치한 경희궁 일대 교남동에는 조선인들이 터를 잡고 집이며 길이며 모든 터전을 제 손으로 다듬어나갔다. 새문안로에서 사직터널로 이어지는 언덕배기 옛 성곽 아래로 좁고 꼬불꼬불한 골목길이 수없이 잔가지를 뻗고 있는 지금의 풍경은 그때부터 시작됐다.

시간을 기억하다

돈의문 터에서 언덕길을 몇 걸음 오르지 않아 강북삼성병원 앞마당으로 이어지는 길목에 분명 병원 담장 안인데 그냥 지나칠 수 없는 건축물이 눈에 띈다. 김구 선생의 마지막 순간이 선명한 **경교장**이다. 김구 선생은 신탁통치 반대운동을 추진하는 한편 남과 북으로 분단된 조국의 자주 통일을 위해 갖은 노력을 기울였던 이곳에서 1949년 6월 26일 훗날 주한미군 방첩대 요원으로 밝혀진 안두희의 흉탄에 맞아 서거했다.

본래 건물은 일제강점기 금광 사업으로 큰 부를 축적했던 최창학이 개인 저택으로 지었다가 해방이 되고 친일파로 몰릴 것에 대비하여 대한민국임시정부의 활동 공간이자 김구 선생과 임정 요원들의 숙소로 내준 것이다. 김구 선생 서거 이후 경교장은 몇 차례 주인이 바뀌어 현재 강북삼성병원의 일부가 되었다. 한때 병원 시설로 이용되기도 했으나 2013년 경교장 전체 복원 공사를 마무리하여 대한민국임시정부의 발자취를 살펴볼 수 있는 전시

서울 경교장

해방 후 대한민국임시정부 청사이자 백범 김구 선생의 사저로
사용된 곳이다. 김구 선생이 맞은 총탄의 흔적을 재현해놓은 창가가
순간 숨을 멎게 만든다. 사적 제465호.

서울 기상관측소

1933년부터 바로 이곳에서 서울의 날씨를 관측해왔다.
주택 담벼락으로 사용되었던 옛 성곽의 일부 구간을 새로 쌓아 정돈한
월암근린공원에 들어서면 멀리 새하얀 칠을 한 서울 기상관측소가 보인다.
국가등록문화재 제585호.

공간으로 단장했다.

그날 김구 선생이 앉아 있었던 2층 창가. 창문에 난 총탄 자국이 선생의 마지막을 떠올리게 한다. 깨진 것은 유리창만이 아니다. '우리나라가 가장 부강한 나라가 아니라 세계에서 가장 아름다운 나라가 되기를 원한다'고 했던 김구 선생의 바람과 함께 둘로 나뉜 나라가 하나가 될 수 있는 기회 또한 깨졌다. 서글프고 쓰라린 역사의 현장을 마주하는 것이 기꺼울 리 없지만 잊어서는 안 될 일임은 분명하다.

묵직해진 기분을 찬바람에 깨우고 다시 언덕길을 걷는다. 월암근린공원 둘레로 성곽길이 이어진다. 주택 담장의 일부로 쓰이던 것을 복원한 것이다. 성곽 위쪽으로는 1933년 경성측후소로 기상 업무를 시작한 **서울 기상관측소**가 자리 잡고 있다.

'내화벽돌과 철근콘크리트를 겸용하야 85평의 모던 청사를 지어 이사를 하였다.' 1932년 11월 10일 자 동아일보 기사에 소개된 것처럼 언덕 위 새하얀 관측소는 지금 봐도 모던하다. 사각 형태의 1층 위에 원통형 구조물을 세워 2층을 만들고, 주위에 육면체를 결합시킨 구조로 특별한 장식 없이 깔끔한 인상이다. 원래 외벽은 점토를 구워 만든 벽돌로 은은한 흙색이었는데, 정확히 언제 새하얀 페인트칠을 했는지는 기록에 남아 있지 않지만 그 덕에 더 '모던한' 기운이 덧씌워진 것도 같다. 경성측후소는 대한제국이었던 1907년 낙원동에 설립되었다가 일제 때 이곳 송월길로 이전했다. 일제가 도성 성벽을 끼고 이 언덕에 경성측후소를 설치한 것은 사대문 안 도성의 중심가이면서도 지대가 높아 남산과 한강까지 내다볼 수 있는 입지 때문이었다.

진달래며 단풍나무며 서울 기상관측소 앞마당에 식재된 나무도 참 다양한데, 예쁘라고 심어놓은 게 아니라 계절 관측 표준목으로 저마다의 임무가 있다. 우리가 매일 아침 습관처럼 확인하는 일기예보 가운데 서울 날씨는 바로 이곳 서울 기상관측소에서 관측하는 자룟값이다. 서울의 수많은 벗나무 중에서 영등포구청이 관리하는 세 그루의 벗나무를 기준으로 벗꽃 개화가 발표되고, 서울의 여러 다리 가운데 한강대교의 두 번째와 네 번째 교각 사이 100m 부근의 띠 모양을 한 범위가 한강 결빙의 기준이 된다. 그밖에 기온, 강수량, 풍향, 풍속, 기압, 습도 등 서울의 날씨는 서울 기상관측소에서 측정한다. 그래서 그해 겨울이 시작되고 내리는 첫눈은 다른 어디도 아닌 서울 기상관측소 앞마당에 내려야 '서울의 첫눈'으로 발표된다. 기상청이 1998년 신대방동으로 이전한 뒤에도 서울의 기상은 이곳 서울 기상관측소에서 기록하고 있는데 그 이유는 기상 관측에서 무엇보다 중요한 것이 관측의 지속성이기 때문이란다. 2017년 부산지방기상청과 함께 기상 분야의 유네스코 문화유산급이라는 수식어가 붙은 세계기상기구의 '100년 관측소'로 선정된 것도 기상 관측의 연속성과 역사성을 두루 만족시킨 덕분이다.

나의 살던 고향, 그곳에서 놀던 때가…

월암근린공원 일대는 일제강점기에 독일 영사관이 있어 자연스럽게 독일인 거주지가 형성되었던 동네이기도 하다. 공원 끄트머리에 1930년 독일 선교사가 지은 2층 양옥 하나가 남아 있는데, 등록문화재 제90호로 지정된 **홍파동 홍난파 가옥**이다. 〈고향의 봄〉을 작곡한 그 홍난파가 맞다. 우리나라 최초의 바이올리니스트, 최초의 기악곡 작곡자, 최초의 음악평론가, 최초의 교향악단 지휘자… 한국 음악사에서 이보다 더 많은 '최초' 타이틀을 보유한 이가 있을까 싶은 홍난파는 미국 시카고의 셔우드Sherwood 음악학교로 유학을 다녀온 후에 이 집을 매입해 1935년부터 세상을 떠나기 전까지 6년 남짓한 말년을 이곳에서 보냈다.

홍난파는 1936년부터 경성중앙방송국 양악부 책임자, 경성학교 관현악단 지휘자로 활약하는 한편, 음악평론가로서 신문과 잡지에 글을 써 대중이 음악에 대한 교양을 넓힐 수 있도록 애썼다. 그러던 중에 민족운동단체인 흥사단의 단가를 작곡했다는 이유로 창립자 도산 안창호 선생과 함께 종로경찰서에 수감되어 심한 고문을 받는다. 그 과정에서 홍난파는 일본제국의 백성으로 본분을 다하겠다는 전향서를 쓰게 되고 이후 친일 행적을 남기게 된다. 그러나 얼마 못 가 고문 후유증으로 1941년 경성요양원에서 생을 마쳤다. 모두 이 집에 살며 겪은 일이다. 음악가로서 가장 무르익었던 시기였으니 이 집에서의 하루하루가 얼마나 가슴 벅찼을까 싶다가 그의 마지막 순간을 떠올리면 안타깝기만 하다. 삐거덕하는 마룻바닥, 세월 먹은 피아노 건반, 벽을 타고 오르는 담쟁이넝쿨이 정겹게 느껴지면서도 이내 서글퍼지는 이유다.

돌림노래처럼 〈고향의 봄〉을 흥얼거리며 걷다 막다른 골목에 다다라 마주한 것은 **딜쿠샤**(앨버트 테일러 가옥)다. 홍난파 가옥과 마찬가지로 붉은 벽돌로 지은 2층 양옥이지만 집의 규모며 분위기는 상당히 다르다. 딜쿠샤는 금광 개발업자이자 UPA 통신사의 특파원으로 활동한 앨버트 테일러Albert Wilder Bruce Taylor와 그의 아내 메리 린리 테일러Mary Linley Taylor가 1923년부터 일제로부터 추방되던 1942년까지 살았던 집이다. 건물 초석에 'DILKUSHA 1923'이라고 새겨져 있는데, 딜쿠샤는 힌두어로 '행복한 마음' '이상향'을 뜻하는 말로 인도의 딜쿠샤 궁전에서 이름을 따왔다. 부부는 이 집이 '희망의 궁전'이 되길 바랐지만 바람과 달리 앨버트와 메리는 딜쿠샤에서 험난한 시간을 보내야 했다.

앨버트는 1919년 아들 브루스가 태어나던 날 간호사가 침대보 밑에 숨긴 독립선언서를 발견하여 동생 윌리엄에게 건넸고, 윌리엄이 이를 형이 쓴 기사와 함께 외신에 보내 3·1만세운동과 일제의 만행이 전 세계에 알려지게 된다. 앨버트는 같은 해에 민간인 학살이 자행된 제암리 사건 또한 기사화했다. 일제에 미운털이 박힌 것은 당연한 일이었다. 요주의 인물로 낙인찍힌 그는 이후 서대문형무소에 수감되었고, 가족들은 가택연금 상태로 지내야 했다. 앨버트의 아내 메리는 딜쿠샤의 2층 베란다에서 망원경으로 경성감옥을 살피며 남편의 모습을 찾곤 했다.*

사실 딜쿠샤의 이야기가 세상에 알려진 것은 2006년의 일이다. 그 전까지 이 건축물은 양기탁과 어니스트 베델이 함께 발행한 대한매일신보의 사옥으로 추정되었던 곳인데, 2006년 앨버트의 아들 브루스가 한국을 방문해 증언하고 자료를 제시하면서 이 집에 얽힌 숨은 역사와 사연들이 또렷이 밝혀지게 된다.

테일러 일가가 추방된 뒤에 해방이 됐고, 앨버트와 메리를 대신하여 윌리엄이 일시 귀국해 딜쿠샤를 매각했다. 이후 딜쿠샤는 자유당 의원 조경규가 소유했는데, 1963년 부정축재자로 지목되어 재산이 몰수되면서 정부로 귀속됐다. 그러나 그대로 방치되면서 오랫동안 열두 가구가 무단으로 점거해 생활해왔고, 그러는 동안 가옥의 상당 부분이 훼손됐다. 브루스의 증언으로 뒤늦게나마 문화유산으로 가치를 인정받게 된 딜쿠샤는 2017년 등록문화재 제687호로 지정됐다. 복원 공사를 거쳐 2021년 시민에게 개방될 예정이다.

높다란 빌라 건물들이 딜쿠샤를 에워싸고 있어 더 이상 메리가 망원경으로 내다본 옛 경성감옥, 지금의 서대문형무소 역사관

* 『세 이방인의 서울 회상』, 36-41p, 서울역사박물관, 2009.

서울 홍파동 홍난파 가옥

비탈진 지형을 활용하여 지하층까지 갖춘 것이 인상적이다
홍난파가 말년을 보낸 보금자리로 '홍난파의 집'이라는 별칭이 붙었다.
국가등록문화재 제90호.

을 조망할 수는 없는데, 그럼 직접 가봐야지. 내친김에 언덕 아래 서대문형무소로 발길을 돌린다. 사직터널 가장자리로 난 비탈길을 걸으면 금방이다.

대한독립만세, 그 아픈 메아리

서대문형무소 역사관에 다다르기 전에 위풍당당한 **독립문**을 먼저 마주하게 된다. 갑오개혁을 추진했지만 외국 세력의 간섭으로 우리는 자주독립의 꿈을 이루지 못했다. 독립협회의 주도로 파리 개선문을 본떠 완성한 독립문은 민족의 독립과 자유를 위해서는 그 어떤 간섭도 허용하지 않겠다는 다짐으로 조선시대에 중국 사신을 맞이하던 영은문 자리에 세운 기념 석조물이다. 문의 정면과 뒷면 현판석 좌우에 태극기를, 그 사이에 각각 한글과 한자로 '독립문'을 새겨 넣었다. 수없이 지나다닌 길이지만 대개 금화터널과 사직터널을 잇는 고가에서 내려다보기만 하다가 이렇게 고개를 들어 올려다본 것은 처음이라 그런지 그 무게감이 생생하게 다가왔다.

　독립문을 통과하면 바로 **서대문형무소**다. 종종 드라마나 영화에서 보았던 바로 그곳이다. 서대문형무소는 1908년 일제가 우리의 애국지사들을 투옥하기 위해 만든 감옥이다. 붉은 벽돌 건물의

옥사와 보안과 청사, 나병사, 사형장 등 일제 때의 건물 원형이 그 대로 남아 있는데, 여느 박물관이나 기념관과는 공기가 사뭇 다르 게 느껴지는 것은 글자로 알던 역사가 실체적 경험으로 전환되는 장소이기 때문이 아닐까. 서대문형무소에서는 외면하고 싶을 만 큼 감당하기 힘든 장면들을 맞닥뜨려야 한다. 김구, 한용운, 안창 호 그리고 유관순까지 "대한독립만세"를 외치다 스러지고 만 아까 운 사람들. 그 아픈 메아리에 부딪쳐 나도 모르게 오들오들 떨리 는 순간들을 견뎌내야 한다.

몇 해 전 한국에 처음 와본 외국인 친구들의 한국 여행기를 보 여주는 리얼리티 방송 프로그램에서 독일인 출연자들이 서대문형 무소를 방문한 에피소드가 화제가 됐다. 그들의 말에 따르면 제2 차 세계대전 당시 유대인 학살을 자행했던 독일에 의해 400만 명 이 희생당한 아우슈비츠수용소 역시 서대문형무소처럼 역사의 현 장으로 보존되고 있다. 우리가 익히 알고 있듯 독일과 일본의 행 보는 다르다. 과거를 반성하고, 역사를 공부하며, 항구적 책임을 인식하는 오늘의 독일은 "우리의 아픈 역사를 잊지 않겠습니다." 라고 말한다. 그들 역시 여러 해가 걸렸다고 했다. 무려 10년. 무 슨 일을 저질렀는지 인식하지 못하다가 10년이 흐른 뒤에야 사과 를 했다고, 그리고 여전히 청산 중이라고. 비극을 목격했던 세대 가 세상을 떠난 뒤에도 똑같은 잘못을 저지르지 않기 위해 역사를 바로 알아야 한다고도 했다. 일제의 만행을 탓하고 책임을 물어야

서울 구 서대문형무소

일제강점기 독립운동가들뿐만 아니라 해방 이후 민주화운동에 관련된 숱한
인사들이 이곳 서대문형무소에 수감됐다. 시대를 향한 절규와 비애로 가득했던
순간들을 마주하는 일은 고통스럽지만 외면해선 안 될 일이란 것 또한 분명하게
느낄 수 있는 곳이다. 사적 제324호.

겠지만 역사를 되짚는 독일인들의 태도를 보며 나 자신은 우리 역사에 대해 얼마나 알고 있었나, 얼마나 알려고 했나, 참 많이 부끄러워했던 기억이 떠오른다.

멀찍이 통곡의 미루나무를 바라본다. 사형장이 건립되던 1923년 그 앞에 심은 미루나무다. 사형장으로 끌려가던 애국지사들은 이승에서의 마지막 순간 이 나무를 붙잡고 통한의 눈물을 흘렸다고 한다. 선뜻 다가가질 못하고 멀리서 잠시 고개를 숙였다 돌아섰다. 억압과 공포의 상징인 이 감옥 안에서 자유와 평화를 꿈꾸다 희생당한 이들의 그 한과 넋을 감당할 용기가 아직은…. 나라 전체가 마치 거대한 감옥과 같았던 시절이기에 아프고 서럽지 않은 땅이 어디 있으랴마는 서울 도심 뒷골목 교남동에서 마주한 그때의 흔적에는 짙은 애수가 섞여 있었다.

나주역

영산강

영산포 역사갤러리

영산교

선창 홍어 거리

구 영산포 극장

영산포 등대

죽전골목

희망참기름

일본인 지주 가옥

영산나루
(구 동양척식주식회사 영산포출장소)

삼천리자전거

나주 영산포 주변

풍요가 흐르던 포구에
세월도 흘러

호남의 젖줄 영산강이 유유히 흐르고 보기만 해도 배부른 평야가 드넓게 펼쳐진 나주. 저만치 아래 남녘이지만 한겨울 강바람은 여지없이 매웠다. 그 바람을 가르며 들어선 영산포에는 꽤 오랫동안 시간이 멈춘 듯 빛바랜 자리가 수두룩한데, 옛 영화는 온데간데없이 사그라졌지만 그 기억을 품은 영산포 사람들의 마음씨는 여전히 후했다.

　나주 영산포는 홍어로 이름난 지역이다. 영산강을 가로지르는 영산교를 넘어가는데 저 멀리서부터 홍어집 간판이 눈을 틔운다. 크고 작은 섬이 흩뿌려진 남도, 그중에서도 흑산도와 그 주변 섬 사람들이 영산강을 타고 영산포로 모여들었다. 배 안에 가득한 것은 홍어였다. 바다에서 내륙 깊숙이 일주일여를 들어오는 사이 홍어는 자연스럽게 발효가 되어 코끝을 알싸하게 만드는 '삭힌 홍어'

로 자태를 바꾸니 그 맛이 임금님께 진상할 만큼 별미였다고. 이 역사가 고려 때로 거슬러 올라간다. 영산포라는 지명도 흑산도 앞 영산도 섬사람들이 이곳에 정착하여 살게 되면서 붙은 것이라 전해진다. 그때로부터 나주 영산포는 오랫동안 영산강 줄기 따라 숱한 물자와 세곡이 모였다 흩어지는 남도의 중심이었다.

여전히 이정표가 되어주는 불 꺼진 등대 너머로

영산포는 일제강점기를 거쳐 해방 무렵까지만 하더라도 바다에서 갓 낚아 올린 해산물과 이를 염장한 젓갈이며 염전에서 거둔 소금 등을 실은 배들이 수없이 드나들었던 포구마을이다. 강 너머로는 비옥한 나주평야에 해마다 풍년이 들었으니 우리를 옥죄었던 일본인들이 1897년 목포 개항과 더불어 이 영산포를 전라도 통치의 거점으로 삼았던 것은 어쩌면 당연한 수순이었다. 서해 바다에서 영산강을 타고 가장 깊숙이 들어온 이곳 포구는 영산강 뱃길의 종점인 셈이다. 자연스레 포구 일대에 장이 들어섰고, 영산포로 이주해온 일본인들은 소위 긴자銀座 거리라 부르는 상점가를 형성했다. 판이 점점 커져가는 형국에서 1914년에는 강 위로 다리를 놓았고, 이듬해 1915년에는 등대도 세우게 된다. 어둔 밤 그 많던 배들이 **영산포 등대**가 밝히는 불빛을 따라 방향을 잡았다.

그런데 바다 등대와는 어딘가 분위기가 다르다. 아담하다고 해야 할까. 영산포 등대의 몸통에 있는 눈금 표시는 등대 기능과 함께 영산강의 수위를 관측하는 데에도 한몫했던 등대의 역사를 일러준다. 점차 육로 교통이 발달하던 시기에 영산강 상류에 댐이 건설되고 1981년 나주 영산강하굿둑이 완공되면서 영산강 뱃길이 끊기고 등대의 불도 꺼지게 된다. 다만 그 자리에 그대로 남게 된 그 시절의 등대가 이곳이 영산포라는 이정표 역할을 해주는 동시에 우리나라에서는 유일한 강가 등대로 당시 영산강과 영산포의 영향력을 가늠케 한다.

일제는 강과 들을 넘나들어 풍족했던 영산포의 물자를 수탈하기 위해 우체국이며 은행이며 여러 기관을 세웠는데 그중 하나가 토지 수탈의 첨병 역할을 한 **동양척식주식회사 영산포출장소**였다. 1916년에 설치된 이곳 출장소는 목포가 신흥도시로 번성하면서 1923년 동양척식주식회사 목포지점을 설치하여 사무실을 옮겨갈 때까지 사용되었고, 이후에는 조선으로 이주해온 일본인들에게 헐값에 넘겨졌다.

등대에서 하구 방향으로 얼마 가지 않아 250년쯤 되었다는 팽나무가 시선을 사로잡는 마당 안쪽에 1916년에 설치한 출장소 건물 중 당시 영산포 출장소의 문서를 보관했던 문서고 건물이 남아 있다. 문서고를 포함한 옛 출장소 부지는 상당히 넓다. 일제가 강제 매수한 출장소 자리는 당시 고종의 후궁 엄귀인이 거처하던 경

등대가 있는 포구

얼마나 많은 배가 수시로 드나들었으면 하천에 등대가 세워졌을까.
영산포 등대는 우리나라 유일의 내륙 하천 등대다.
국가등록문화재 제129호.

선궁의 속지였다. 현재는 개인 소유로 영산나루라는 간판 아래 문서고와 레스토랑, 펜션, 전통찻집이 들어앉았다. 문서고는 영산재라는 이름의 차 문화 교육장과 연회장으로 활용하고 있다. 마룻바닥이며 창문과 천장 모양새에서 그 시절의 분위기가 묻어난다. 영산나루에서도 이 공간만큼은 역사성을 고려하여 앞으로도 문화공간으로 운영할 계획이라고 했다.

문서고 앞의 전통찻집 성류정은 문서고와 같은 시기에 지어진 부속 관사를 개조한 것이다. 문서고가 붉은 벽돌로 만든 2층 양식 건물이라면 성류정은 단층의 일본식 목조 주택이다. 우리의 전통 목가구와 규방 공예품이 유럽의 고가구, 찻잔 세트와 한데 어우러지는데 어색하지가 않았다. 주인장의 솜씨도 있겠지만 백 년 전 우리 전통문화에 서구 문명이 뒤섞이던 근대기의 모습 또한 이와 다르지 않았을 거라는 생각이 들었기 때문이다.

영화映畵에 담긴 영화榮華로웠던 날들

영산포의 포구마을 영산동은 강변에 낮은 언덕 두 개를 넘나든다. 언덕과 언덕 사이 낮은 땅에 길게 뻗은 대로변으로 홍어집들이 빼곡한데 여기에서 가지 친 골목골목으로 백여 년 전 일본인들이 형성한 시가지 구조와 당시에 지은 일본식 가옥을 어렵지 않게 마주할 수 있다.

홍어 거리 초입부터 범상치 않다. 분명 삼화홍어 간판을 내건 홍어집인데 2층 건물 머리맡에는 대성상회와 태극서점이라는 상호명이 선명하게 칠해져 있다. 삼화홍어 가게에서부터 언덕배기 희망참기름으로 이어지는 좁은 골목길은 앉은뱅이 죽집이 늘어섰던 **죽전골목**이다. 매일 아침 이 골목에 장이 열렸다. 오일장과는 달랐고 비교하자면 먹자골목에 가까웠다. 과거 땔감 시장이 서는 곳이기도 했다. 포구마을의 하루는 이르다 못해 해가 뜨지도 않은 새벽 어스름부터 시작되는데 시장을 오가는 사람들에게는 아침 허기를 달래면서도 속 부대끼지 않게 하는 것으로 죽이 좋았다. 아침에 반짝 서는 장에 죽전골목이라 이름 붙인 데엔 다 그만한 이유가 있었던 것. 영산포에서 나고 자랐다는 삼화홍어 주인장 역시 죽전골목에서 팥죽을 사 먹었던 기억을 갖고 있었다. 최근 나주시에서 죽전골목을 근대 거리로 단장하는 복원사업을 추진하면서 골목에 예전 모습을 되찾아주게 되었는데, 그 시작이 현재의 삼화홍어 자리에 있던 '한 지붕 두 가족' 대성상회와 태극서점 간판을 되살린 것이다. 따로 제작해 단 것이 아니라 본래 그랬던 것처럼 상호를 벽면에 칠했다. 군더더기 없이 검게 칠한 옛 상호가 그 어떤 네온사인보다 강렬하다.

죽전골목을 지나 10여 개의 정미소가 밀집해 있던 정미소 거리까지 이어지는 지금의 영산1길은 일제 때에 가장 번화했던 원

영산포 마을 풍경

죽전골목 언덕배기에 있는 희망참기름집은 구순이 넘은 주인 할아버지의 어머니
때부터 온 동네에 고소한 기름내를 퍼뜨린 노포다.

영산포 선창 홍어 거리

홍어를 먹지 않으면 안 될 것만 같은 기분이 들 정도로
홍어집들이 도열한 가운데 문전성시를 이루었던
옛 포구마을 상점가의 흔적을 찾는 재미가 있다.

일본인 지주 가옥

타일, 붉은 벽돌, 청기와 등 모든 건축자재를 일본에서 들여와
1930년대 최신식으로 지었다는
일본인 대지주 구로즈미 이타로의 집이다.

정통이다. 이창동으로 자리를 옮기고 이름도 풍물시장이라 바꾼 오일장도 본래 이 자리에 펼쳐졌다. 마을 곳곳 여인숙 간판 또한 번성했던 한때를 그려보게 하는데 옛날 영화 포스터가 그려진 **구 영산포 극장**에 이르러 일제강점기를 배경으로 한 영화 〈장군의 아들〉을 이 일대에서 촬영했다는 사실을 알게 된다. 지난 40여 년 마을에서 문집을 운영했다는 어르신이 일제 때의 집 자리며 정미소 자리를 친절하게 짚어준다. 60년대까지만 하더라도 나락 실은 달구지들이 무수히 이 길을 지나 정미소를 드나들었다고 했다.

그러나 배부른 이는 따로 있었다. 마을 한가운데 마당 너른 집은 **일본인 지주 가옥**으로 일제강점기 나주에서 가장 많은 농토를 소유했던 일본인 대지주 구로즈미 이타로黑住猪太郞의 집이다. 그는 농지뿐만 아니라 조선가마니주식회사, 조선식산주식회사, 영산포운수창고회사 등 기업 경영에도 손을 뻗어 부를 축적했다. 집은 1935년경에 일본에서 모든 건축자재를 들여와 지은 것으로 본래는 일본식 정원까지 갖춘 대저택이었으나 오랜 시간 방치되면서 본채와 창고 정도가 남았다. 구로즈미 이타로를 우리식의 한자로 표기하여 현재는 흑주저태랑 저택이라 부르는데 최근 원형을 복원하여 전통찻집 겸 근대 포구문화를 살펴볼 수 있는 문화공간으로 단장했다.

좋았던 시절은 갔다지만 여전히 푸근한

홍어집들이 다닥다닥 붙은 대로변에도 일본풍의 건물들이 꽤 있다. 잉글랜드화점 간판이 달려 있는 분식집과 **삼천리자전거** 역시 일제 때부터 자리를 지킨 영산포의 터줏대감이다. 부친 때부터 이곳에 자리를 잡았다는 삼천리자전거 주인장은 지금은 창고로 쓴다는 2층으로 기꺼이 안내한다. 모양이 비슷해도 당시 일본식 집을 흉내 낸 것과 일본 사람이 직접 지은 집에는 차이가 있다며 다다미 아래 왕겨를 채운 바닥과 3층 건물만치 높다란 2층의 천장 등을 눈으로 확인시켜준다. 겉보기에는 오래된 시멘트집 같지만 속은 모두 나무를 짜 맞춘 목조이고, 벽도 대나무에 새끼줄 같은 것을 엮은 후 짚을 넣은 흙을 발라 마감하여 지금까지 탄탄하다고.

영화로웠던 날들은 옛일이 되어버렸지만 영산포에는 그 시절의 흔적과 이야기가 여전히 차고 넘친다. 때문에 근대 문화유산 푯말을 달고 있지 않아도 꼬불꼬불 골목길을 걷다가 마주하는 풍경들이 하나같이 옹골차다. 이리 기웃 저리 기웃하는 낯선 이에게도 반갑다 하며 기억을 나눠주는 영산포 사람들 또한 마음을 푸근하게 했다. 풍요가 흐르던 포구의 기운이 이 땅에 넉넉함을 선물했나 보다.

주한 미국대사관저

구 러시아공사관

구세군역사박물관

정동공원

성공회서울성당

이화여고 100주년기념관
(손탁호텔 터)

주한 영국대사관

정동극장

시청역(1호선)

이화여고
심슨기념관

덕수궁

정동제일교회

서울시립미술관

배재학당 역사박물관
(배재학당 동관)

시청역(2호선)

———————— 서울 정동길 주변 ————————

환희의 나날도 비통한 마음도
보듬고 더듬어

정동은 고층 빌딩이 숲을 이루는 서울 도심 한복판에 있으면서도 계절이 바뀔 때마다 보란 듯 자연의 꼬까옷을 바꿔 입는다. 때문에 덕수궁 돌담길, 눈 덮인 교회당, 오월의 꽃향기…, 이곳을 지날 때면 그 풍경을 아름답게 담아낸 〈광화문연가〉 몇 소절을 저절로 읊조리게 된다. 바쁜 걸음을 걷던 이들도 이곳 정동에 들어서면 조금씩 발걸음을 늦추는 것만 같은데…. 이처럼 서울 정동은 언제 가도 아름답고 고즈넉한 정취가 흐르지만 알고 보면 가슴 저릿한 이야기들이 곳곳에 스미어 있는 우리 근현대사의 소용돌이 한가운데이기도 하다.

덕수궁 전경

서울 도심 한가운데 높다란 빌딩 숲 스카이라인이
덕수궁과 정동을 에두르고 있다.

격변하던 근대기의 영광과 생채기가 한데 엉켜

정동은 태조 이성계의 계비 신덕왕후의 무덤 정릉이 도성 안에 들어서면서 생겨났다. 이성계는 조선을 개국하여 나라의 역사를 새로 쓸 만큼 강인했지만 사랑하는 여인을 먼저 떠나보내고 여생을 그리움에 사무쳐 지낸 외로운 사내였다. 첫 번째 아내를 잃고 신덕왕후마저 세상을 떠나자 그는 그녀를 묻은 정릉 옆에 작은 암자를 짓고 매일같이 찾아와 눈물을 흘렸다고 한다. 자신이 죽으면 신덕왕후 옆에 묻어달라고 했을 만큼 그녀를 아꼈는데 신덕왕후와 대립하며 왕자의 난을 일으켰던 이방원은 이를 마뜩잖게 여겼다. 이후 이성계는 도성 동쪽 건원릉에 잠들게 되었고, 정릉은 도성 밖으로 이장되었다. 더 이상 정릉의 흔적은 찾아볼 수 없지만 태조 이성계의 러브스토리가 배어 있는 정동은 시작부터가 낭만적이다.

한양도성 안에 있지만 서쪽 변방에 조용히 자리하던 정동이 존재감을 내보이기 시작한 것은 쇄국을 고수하던 조선이 제국 열강의 강압으로 개항하면서부터다. 1883년 5월 미국 공사관을 시작으로 영국, 러시아, 프랑스, 독일, 벨기에 등 각국 공사관이 정동 곳곳에 들어섰다. 뒤이어 선교사들이 그 일대에 서양식 교회와 학교, 병원 등을 세우면서 정동은 외교의 중심이자 서양 문물이 들어오고 퍼져나가는 문화의 중심이 되었다.

오늘날 정동이 예스럽고도 이국적인 멋이 깃든 거리가 된 것은 격변하던 근대기의 영광과 생채기가 한데 엉켜 그 자리에 고스란히 남아 있기 때문이다. 외국 공사관들과 함께 덕수궁 돌담 너머에 붉은 벽돌로 쌓아 만든 양옥 건축물 대부분이 백여 년의 시간을 머금고 우리 앞에 서 있다. 정동 한가운데 정동제일교회를 시작으로 서울시립미술관, 배재학당 동관, 이화여고 심슨기념관, 중명전, 구세군중앙회관, 성공회서울성당에 이르기까지 정동을 둥글게 한 바퀴 걷는 동안 '우리나라 최초'라는 수식이 따라붙는 역사의 현장을 연거푸 경험하게 된다.

배재학당 동관

1916년에 세워져 배재고등학교가 고덕동으로 이전할 때까지
줄곧 교실로 사용된 우리나라 최초의 서양식 학교 건축물이다.
서울특별시 기념물 제16호.

노란 머리칼과 파란 눈의 선교사들은 조선 백성들에겐 도깨비와 다름없었다. 지나가다 마주치기만 해도 가던 길 잊고 줄행랑치는 일이 빈번했다고 한다. 그러나 도성 안팎에서 가난과 질병으로 고통받는 사람들을 보살핀 그들의 노력은 상당했다. 선교에 앞서 교육사업과 의료사업을 전개했다. 그리하여 탄생한 것이 1885년 미국인 선교사 아펜젤러Henry Gerhard Appenzeller가 세운 우리나라 최초의 서양식 근대 교육기관 배재학당과 1886년 스크랜턴Mary Fletcher Benton Scranton이 세운 우리나라 최초의 신식 여성교육기관 이화학당이다. 그곳에서 소월이 '나보기가 역겨워 가실 때에는' 진달래꽃을 노래하고, 세기가 바뀌어도 여전히 의연한 유관순이 또랑또랑 '대한독립만세'를 외치고자 목을 가다듬었다.

　김소월과 유관순 외에도 많은 인재가 배재학당과 이화학당을 거쳤는데 옛 학당의 모습은 각각 **배재학당 동관**과 **이화여고 심슨기념관**에서 속속들이 살펴볼 수 있다. 1915년에 지은 심슨기념관은 1922년 증축하고 한국전쟁 때 일부 소실된 것을 복원하여 현재 이화여자고등학교 박물관으로 운영하고 있다. 1916년에 지은 배재학당 동관은 배재학당뿐만 아니라 우리의 근대사를 차분히 살펴볼 수 있는 역사박물관으로 단장해 그 시대의 기억을 간직하고 있는 지긋한 어르신들은 물론이고 부모님 손잡은 어린아이까지

정동제일교회

배재학당을 설립한 아펜젤러는 이화학당을 세운 스크랜턴과 함께
정동제일교회를 마련했다. 아펜젤러의 흉상이 정동제일교회 앞마당에서
방문객들을 맞이하고 있다.

박물관 문턱을 넘는 걸음이 잦다.

가까이에 자리한 **정동제일교회**는 1885년 아펜젤러가 스크랜턴의 한옥 두 채를 빌려 세운 우리나라 최초의 서양식 개신교회다. 1897년에 지금의 붉은 벽돌 예배당을 새로 지었는데 예배를 드린 신자 대부분이 배재학당과 이화학당의 학생이었다고 한다. 그렇다면 1902년생 동갑내기인 김소월과 유관순이 이곳에서 함께 기도를 하진 않았을까 하는 호기심이 생겨나기도 했다. 그러나 1919년 3·1만세운동에 나섰던 유관순은 이듬해 생을 마감했고 김소월이 배재학당에 들어간 것은 1922년이니 두 사람 사이의 애틋한 인연은 없었으리라. 하지만 나라 잃은 슬픔을 온몸으로 감내해야 했던 그들이 담장을 나누는 두 학당에 다녔다는 이야기만으로도 나란히 두 손 모아 기도하는 모습을 상상하게 된다.

종교 이상의 가치를 품은 정동의 예배당

찬바람이 불어오는 겨울 녘이면 거리마다 번져나가는 구세군 자선냄비의 종소리도 근대기 정동에서 시작되었다. 구세군은 1928년 캐나다와 미국 등지에서 모은 헌금으로 정동에 구세군사관학교를 지었다. 그러나 일제강점기 때 강제 폐교되었다가 해방 이후 다시 문을 열었다. 이후 자선냄비본부로 사용되었던 이곳은 2003

년부터 **구세군역사박물관**으로 운영되고 있다. 중앙 현관에 우뚝 선 4개의 석조 기둥과 그 위에 얹어진 박공지붕이 웅장하면서도 우아한 분위기를 자아내는데 건축 당시에도 연일 화제가 될 만큼 그 위용이 대단했다고. 박물관에는 한국 구세군교회의 기초를 세운 로버트 호가드Robert Hoggard, 한국명 허가두 사관의 초기 사무실과 1930년대 구세군 사관의 생활상을 엿볼 수 있는 주택이 재현되어 있다. 또한 구세군의 선교 문화유산과 기독교 관련 유물들을 두루 살펴볼 수 있게 했다.

우리나라 근대기 대부분의 교회가 높은 천장과 수직으로 뾰족하게 솟은 첨탑, 화려한 색깔의 유리창으로 상징되는 고딕 양식의 예배당을 지은 것과 달리 **성공회서울성당**은 이웃하고 있는 덕수궁과의 조화를 고려하여 둥근 아치가 인상적인 로마네스크 양식을 접목했다. 1922년 영국인 건축가 아서 딕슨Arthur Stansfeld Dixon이 십자가 모양으로 설계한 성당은 일제의 간섭과 자금난, 설계도 분실 등의 이유로 1926년 미완성인 채로 헌당식을 가졌다가 영국의 한 도서관에서 설계도 원본이 발견되어 지난 1996년 5월 자그마치 70여 년 만에 완성된 모습을 갖추게 되었다.

성당에 들어서자 안내 봉사자가 인사를 하며 자연스레 성당 안으로 이끈다. 화려한 스테인드글라스 대신 띠살문과 전통 오방색의 조형미를 활용한 창문을 내고 기와를 얹어 성당 지붕을 완성했다는 설명이 이어진다. 그의 음성과 표정에서 은근한 자부심이 느껴지는데 그도 그럴 것이 성공회서울성당은 이미 1978년 서울시 유형문화재 제35호로 지정되어 그 가치를 인정받은 문화유산이다. 건축적인 측면과 함께 1927년부터 1938년까지 11년에 걸쳐 제작된 모자이크 제단화와 2층 높이의 파이프 오르간, 나선형 계단 아래에 위치한 지하성당 등은 유럽의 유서 깊은 성당이 떠오를 만큼 색다른 정취를 전한다.

한편 민족대표 33인이 선포한 독립선언서를 비밀리에 인쇄한 곳이 정동제일교회의 파이프 오르간 뒤였고, 민주화운동의 발상지가 바로 성공회서울성당의 앞마당이라는 사실을 정동을 거닐며 알게 된다. 이처럼 정동의 예배당들은 특정 종교와 종파에 국한할 수 없는 우리 근대사의 생생한 현장으로 오랫동안 우리 곁에 자리하고 있다.

달콤쌉싸름한 가배 한 모금으로 마음을 달래어

향긋한 커피 향기 피어오르는 카페가 정동길 군데군데 자리를 트고 있다. 이화여고 심슨기념관이 내다보이는 정동길 중간의 작은 카페에 앉아 잠시 쉬는데 옅은 미소 머금게 되는 살가운 풍경들이 스친다. 엄마 손 꼭 잡고 길을 걷는 아이들은 무엇이 그리 궁금한지 쉴 새 없이 재잘거리고 엄마들은 맞장구치기 바쁘다. 기념사진

서울 구 러시아공사관 3층 전망탑

1년여 더부살이를 해야 했던 고종의 애달픔이 이 어디쯤에 배었을 것만 같은데
구 러시아공사관은 한국전쟁을 거치면서 대부분 파괴되어
현재 3층 전망탑만 남았다. 사적 제253호.

을 남기느라 걷다 멈추기를 반복하는 모습도 정답다. 손난로 삼아 테이크아웃 잔을 들고 어슬렁거리는 여행자들도 골목길 여기저기서 분위기를 탄다.

커피향 머금고 높다란 3층 망루만이 남아 있는 **구 러시아공사관** 앞에 다다랐다. 정동이 결정적으로 우리 근대사의 중심에 놓이게 된 것은 을미사변 이후 고종이 궁을 떠나 이곳 러시아공사관으로 거처를 옮긴 1896년 2월의 아관파천을 전후해서다. 고종에 대한 후대의 평가는 극과 극으로 나뉘지만 부인인 명성황후가 일제에 의해 무참히 살해되고, 나라는 제국 열강의 틈바구니에서 식민지의 길을 걷게 되었으니 그 애처로움을 말로 다할 수 있을까. 3층 탑에 오르면 정동이 한눈에 내려다보였을 테지. 그곳에서 고종은 무슨 생각을 했을까?

회반죽 칠 때문인지 덩그러니 솟은 구 러시아공사관은 어딘가 쓸쓸하게 느껴진다. 이곳에서의 일 년, 고종의 쓰라린 마음을 달랜 것은 러시아공사 베베르의 처형 손탁Antoinette Sontag이 내어주던 가배 한 잔이었다. 당시 커피를 가배라 불렀다. 손탁은 고종의 바리스타였던 셈. 당시 커피라고 해야 뜨거운 물에 각설탕과 커피가루를 넣은 것이 전부였다고 하니 바리스타라고 하기엔 좀 거창한 것도 같지만 고종은 손탁의 커피에 적잖이 위로를 받았던 듯하다. 고종은 덕수궁으로 환어한 후에도 커피를 즐기는 한편 손탁에게 정동에 있는 건물 한 채를 하사했다. 몇 년 후 손탁은 그곳에 우리나라 최초의 서양식 호텔인 **손탁호텔**을 세웠다. 현재의 이화여고 100주년기념관 자리다.

커피 한 잔을 들고 덕수궁 담장을 넘어 정동 거리로 퍼져나갔을 고종의 커피 향기를 좇아본다. 여느 동네 카페에서와 다르지 않을 흔한 커피 향기가, 습관적으로 마시는 커피 맛이 이곳 정동에서는 더욱 깊고 진하게 느껴질지도 모르겠다.

우리가 살아가는 일상과 전혀 관계없을 것만 같은 지난 시간의 흔적이지만 정동길 구석구석에 고개 내민 이야기들을 더듬으면서 불현듯 이런 생각이 들었다. 혹시나 먼 훗날에 누군가가 이 거리를 걸으며 오늘의 우리를 기억해주지 않을까. 아무도 찾지 않는 길은 사라질 뿐이니 이 땅과 이 거리 그리고 그 위를 내딛고 있는 우리는 그 자체로 역사가 된다. 그렇게 우리는 근현대의 희로애락이 배인 골목골목을 걸으며 역사의 주인공이 되는 경험을 하게 된다.

하루에 백 년을 걷다

1판 1쇄 인쇄 2021년 3월 22일
1판 1쇄 발행 2021년 4월 1일

지은이 서진영
사진 임승수
펴낸이 김영곤
펴낸곳 (주)북이십일 21세기북스

이사 신정숙
융합2본부장 이득재
지역콘텐츠팀 이현정 조문경
교정교열 안바라
디자인 형태와내용사이
영업본부장 김창훈 **영업팀** 임우섭 김유정 송지은 | 이경학 김소연 오다은 | 허소윤 윤송
제작팀 이영민 권경민

출판등록 2000년 5월 6일 제406-2003-061호
주소 (10881) 경기도 파주시 회동길 201(문발동)
대표전화 031-955-2100 **팩스** 031-955-2151 **이메일** book21@book21.co.kr

(주)북이십일 경계를 허무는 콘텐츠 리더

포스트 post.naver.com/travelstudy21
인스타그램 instagram.com/k_docent

ⓒ 서진영, 2021
ISBN 978-89-509-9393-1 03980